# 人生で大切なことは全部フジテレビで学んだ

『笑う犬』プロデューサーの履歴書

吉田正樹

| 年 | 月 | 学歴・職歴(各別まとめて書く) |
|---|---|---|
| 09 | 1 | (株)吉田正樹事務所 代表 |
| | | (株)ワタナベエンターテインメント代表取締役会長 |
| | | |
| | | (株)KLab.(株)ギガ・メディア 社外取締役 |
| | | (株)SBIホールディングス 非常勤取締役 |
| | | 放送批評懇談会 選奨委員 |

| 年 | 月 | 免許・資格 |
|---|---|---|
| | | 普通自動車第一種免許 |
| | | 英検 三級 |
| | | |
| | | 特筆すべきものはありません。 |
| | | |
| | | |

| 志望の動機・特技・好きな学科など | 通勤時間 |
|---|---|
| サブカルチャーを世の中に広めたい<br>好きな学科 歴史.古文.漢文.<br>数学.物理 | 約 時間 15 分 |
| | 扶養家族(配偶者を除く) 人 |
| | 配偶者 ※ 有(○)・無 ／ 配偶者の扶養義務 ※ 有・無(○) |

本人希望記入欄(特に給料・職種・勤務時間・勤務地・その他についての希望などがあれば記入)

勤務時間は問いません。無限によく働きます。
給料はたくさん欲しいです…
勤務地はエンターテインメントに触れられる土地希望
東京.ニューヨーク.など.大阪.九州、沖縄も希望.

| 保護者(本人が未成年の場合のみ記入)<br>ふりがな | | 電話 |
|---|---|---|
| 氏 名 | 住 所 〒 | |

履歴書　2010年　7月　日現在

| | |
|---|---|
| ふりがな | よしだ　まさき |
| 氏名 | 吉田　正樹 |
| 1959年　8月　13日生　（満50歳） | ※男・女 |

| | |
|---|---|
| ふりがな<br>現住所 〒<br>東京都港区 | 電話 |
| ふりがな<br>連絡先 〒（現住所以外に連絡を希望する場合のみ記入）<br>東京都目黒区東山1-4-1 8F 吉田正樹事務所 | 電話 03 5724 3271 |

| 年 | 月 | 学歴・職歴（各別まとめて書く） |
|---|---|---|
| 78 | 3 | 兵庫県立姫路西高等学校 卒業. |
| 79 | 4 | 東京大学 文科一類 入学 |
| 83 | 3 | 東京大学 法学部公法コース 卒業. |
| 83 | 4 | (株) フジテレビジョン 入社. |
| | | 営業局スポット営業部配属 |
| 84 | 7 | 同社 編成局 第二制作部. |
| 94 | 7 | 同社 編成局 編成部. |
| 98 | 7. | 同社 編成制作局 バラエティーセンター. |
| 03 | | バラエティー制作センター 企画担当部長 |
| 05 | | ソフトバンクインベストメント インキュベーション部 |
| ~~05~~06 | | バラエティー制作センター ライン部長. |
| 06. | | デジタルコンテンツ局 デジタル企画室部長 |
| 07. | | バラエティーセンター部長. 局次長待遇. |
| 09 | 1 | (株) フジテレビジョン　退社. |
| | | |
| | | |

記入注意　1.鉛筆以外の青または黒の筆記具で記入。　2.数字はアラビア数字で、文字はくずさず正確に書く。
3.※印のところは、該当するものを○で囲む。

人生で大切なことは全部フジテレビで学んだ　『笑う犬』プロデューサーの履歴書　目次

装丁・本文デザイン　櫻井浩（⑥Design）
表紙カバー撮影　興村憲彦

序章

# 「逸脱」への旅立ち

「本当にここで良かったのだろうか」

一九八三年にフジテレビに入社した時、僕はそんな思いにとらわれていました。迷いを吹っ切ってここに来たはずなのに、心のどこかにまだ残っている逸脱感……。

僕は東大法学部の学生でしたから、同級生の多くは国家公務員試験を受けて官僚になる道を選びます。もちろん、僕自身もそのつもりでいました。公務員試験に合格して大蔵官僚になり、国家レベルの仕事に就くことを目指していたのです。

もし公務員試験に落ちて民間企業へ行くとしても、大手銀行か商社のような堅気の会社だろうと考えていました。今はやや変わってきているようですが、東大法学部を出た学生の進路は、概ねこんな感じだったのです。当時の僕に、テレビ局という選択肢はまったくありませんでした。

大学では落語研究会に入っていましたが、それは笑いをやりたいというよりも、自意識が強くて人前で目立ちたい気持ちの方が強かったからです。子供の頃から自意識過剰で、人より口数が多いのが僕の特徴です。ついつい余計なことを喋ってしまい、周りの大人からよく叱られていました。

僕のそんな性格をよく知るある先輩が、「お前はもっと柔らかい会社の方がいいんじゃないか」とアドバイスしてくれたこともあります。銀行のような堅い会社ではなく、マスコミやエンタテインメントの世界はどうか、というわけです。

でも、自分がそんな世界に向いているとは到底思えません。ひたすら堅気を目指し、公務員試験と並行して大手商社や銀行を訪問していました。落研の先輩に紹介された三井物産の内定ももらっていましたから、卒業後の進路に迷いはありません。頭の中では普通のビジネスマンになった自分の姿を想像していました。


ところが、確実だと思っていたその進路が怪しくなってしまったのです。きっかけは、三井物産の後に受けた日本興業銀行（現在のみずほ銀行）での出来事。順調に最終面接まで進んだのですが、その採用方法に不満を感じていた僕は、面接官だった常務取締役を前に、信じられないセリフを言い放ったのです。

「興銀もおかしいですよね。こんな採用の仕方をするなんて」

採用の可否を決める相手に対する、この暴言。当然、常務は大激怒しました。自信満々だった僕は、あえなく不採用。堅気の進路に暗雲が漂い始めました。人生を決める一大事に、なぜあんな暴言を吐いてしまったのか。生まれついての性格としか言いようがないのですが、この時ほど自分の性格が恨めしかったことはありません。

その後しばらく失意の日々が続きましたが、この出来事が自分の進路を考え直すいいきっかけになりました。

「ずっと堅気の会社にこだわっていたけど、別の生き方もあるんじゃないか。心の底では違う道を行きたいと考えているんじゃないか。もしかしたらそれは、本当の自分を素直に出せる場所かもしれない」

自分と向き合う時間ができて、そう考えるようになったのです。この時初めて、僕はそれまでまったく眼中になかった「テレビ局」への就職を考えるようになりました。

その時、ちょうどテレビ朝日に勤めていた知り合いがいたので、彼に「テレビ朝日ってどうやったら受験できるのですか」と相談を持ちかけました。そこで紹介されたのが、その数年前の一九七八年まで首相だった福田赳夫さんの事務所です。緊張しながら会いに行くと、秘書の方が「吉田君は東大法学部か。公務員試験を受けてるんだろう。官庁でも民間でも、どこでも紹介するよ」と、親切に応対してくれます。僕の気持ちはテレビ朝日に傾いていましたから、当然、「ではテレビ朝日の人を紹介して下さい」と言うつもりでした。

ところが、僕の口から出てきたのは、自分でもまったく意外な会社名だったのです。

「フジテレビなんかどうですかね」

今から振り返ると、天から何かが降りてきたとしか思えません。あるいは、魔が差したと言うべきか。

当時のフジテレビと言えば、漫才ブームを経て、一九八〇年から一九八二年まで放送していたお昼の『笑ってる場合ですよ!』が人気のピークを迎えていた頃です。B&Bやツービート、紳助竜介がレギュラーで出演していて大変な勢いがありましたが、僕の中では、在京キー局の中で最も〝ふざけた〟印象のテレビ局だったのです。

「堅気の道じゃなくてもいい」という想いはありましたが、それにしても逸脱しすぎじゃないか。それなのに、なぜフジテレビの名が口をついて出てきたのでしょう。

思い返してみると、僕は大学に入学して最初の二年、一九七九年から一九八〇年の間は、下宿にテレビがありませんでした。だけど、その時期のフジテレビにそれほど面白い番組はなかったように記憶しています。

ところが一九八〇年に、フジテレビの『THE MANZAI』で、B&Bやツービートといった若手漫才師が登場した頃から、フジテレビは俄然、面白くなってきたのです。奇しくもこのフジテレビ「復活」の年に、僕はテレビを手に入れました。

実はその頃、フジテレビにちょっとした関わりがありました。一九八一年からフジテレビで放映され、当時大ヒットしていた萩本欽一さんの番組『欽ドン！良い子悪い子普通の子』で、「良い子」を本当の東大生から募集するという話があり、友人と一緒にそのオーディションを受けたのです。

だけど、欽ちゃんが探していたのは、生真面目な東大生。僕はいつものようにべらべら喋ってしまったものだから、呆気なく落とされました。テレビ局の建物に入ったのは、この時が初めてです。軽い気持ちで受けたオーディションでしたが、もしかすると、何かが僕の心に残っていたのかもしれません。

ほどなくして福田赳夫事務所からフジテレビの報道部長を紹介され、受験の方法などを聞き、その後、何度かの正式の面接を経て内定をもらいました。

公務員試験の合格者発表があったのもこの頃です。結果は不合格。自分の将来について柔軟に考えるようになっていましたが、この結果はやはりショックでした。自分はもう大蔵官僚になれない。国造りに関わるような仕事はできない。進むべき道を外れてしまった……言いようのない逸脱感に包まれたまま、この先どうしようかと思い悩みました。

内定をもらっていた三井物産に行って堅気のサラリーマンになるか、それともフジテレビを選んで、何だかよく分からない世界に飛び込むか。人生の分かれ道です。

決断がつかないまま、三井物産の内定者パーティーに出席した時のことです。東北大学の名札を付けた学生が僕のところへやって来て、こんな言いがかりをつけてきました。

「吉田さん、すごいですね。東大法学部ですか。それなのに、なぜ三井物産なんですか？」

彼は僕に、東大法学部を出たのになぜ官僚にならなかったのか、と言いたかったのでしょう。腹が立つというより、げんなりして言葉を返す気にもなりません。「こんなバカなやつと三〇年以上も一緒に仕事をしなければならないのか。とても耐えられない」そう思った瞬間、僕の中で何かが弾け飛びました。

「そうだ、同じバカをやるなら思い切りやってみよう。どうせふざけるのなら、これ以上できないというところまで、徹底的にふざけてみよう」

心の中の振り子が、大蔵官僚とは正反対の方向に大きく振れたかのようです。その時、僕はフジテレビに行くことを決心していました。

第一章

# 日々《ひび》是《これ》鬱屈《うっくつ》也《なり》。

## 営業じゃない、制作をやりたいんだ！

一九八三年入社の同期は、アナウンサーを含めて全部で三〇人。東大出身は僕を含めて三人いて、全員、営業局のスポット営業部に配属されました。スポットとは、番組と番組の間に流れるCMのこと。スポット営業は様々な提案を行い、そのCM枠をクライアントや広告代理店に売るのが仕事です。

僕がここに配属されたのは生意気だったせいもあるでしょうが、当時のフジテレビには、「新人はあえて希望するところへ行かせない」という教育方針があったようです。

テレビ局へ入った新入社員は普通、局の花形である制作部を希望します。同期もほとんどがそうでしたが、周りの連中と同じ目で見られたくなかった僕は、ちょっとスカして編成部への希望届けを出しました。

編成部は戦略を練りながら、どの時間帯にどういう番組を放送するのかを決める重要な部署。とはいうものの、当時の僕は編成のことなどまるで分かっていませんでした。それどころか、そもそも職種に対する希望そのものがなかったのです。誰かが自分の能力を発見してくれて、うまく使ってくれるだろう。そんな風に甘く考えていました。会社が僕を営業部に配属したのは、生意気な新人を現場で鍛えてやろうという、人材育成の意図があったのだと思います。

具体的にやりたい仕事はなかったけれど、営業の仕事が好きなわけでもない……。新人であることを割り引いても、僕はダメな営業マンでした。さぞかし上司や先輩に迷惑をかけたのではないかと思います。

晴れない気持ちのまま、しばらく鬱々としながら仕事を続けていました。すると不思議なことに、徐々に自分のやりたいことが見えてきたのです。

「せっかくテレビ局に入ったんだから、制作部に入って自分の手で番組を作ってみたい」

同期が会社に入る前から抱いていた願望を、僕は会社に入って数ヵ月後に抱いたわけです。遅まきながら生まれた、番組制作に対する憧れ。その気持ちは日増しに強くなっていきます。

焦りもありました。制作部には、僕より若いアシスタント・ディレクター（ＡＤ）が沢山います。ＡＤとは、収録現場でディレクターの指示に従って演出補佐を行う人たち。彼らは日々の過酷な労働環境の中で叩き上げられていますから、少しでも早く現場に出なければ、どんどん遅れをとってしまう。不安で不安で、僕は酒の席に出るたび、営業局長にしつこくからむようになりました。

「局長、僕はこんなことをやるためにフジテレビに入ったわけじゃないんですよ！」

トップクラスの上司を相手にくどくどと愚痴を言い続けていたのですから、身のほど知らずもいいところ。

でもそんな様子を見かねたのか、直属の上司である営業部長が、僕たち新人三人をある人に引き合わせてくれたのです。『THE MANZAI』で漫才ブームを仕掛け、『森田一義アワー 笑っていいとも！』や『オレたちひょうきん族』でフジテレビのバラエティを変革した名プロデューサー、横澤彪《たけし》さんでした。

面会の場所は新橋の鮨屋です。僕たちは最初から最後まで緊張していましたが、横澤さんは飄々とした様子で僕らの話に耳を傾けてくれました。

僕が嬉しかったのは、横澤さんが「君のことを知っていますよ」と言ってくれたこと。なんのことはない、単に吉田正樹という新人の存在を知っているというだけの意味だったのですが、有名プロデューサーを前に舞い上がっていた僕はすっかり勘違いし、「もしかしたら制作部への道が開けるかもしれない」と、勝手に思い込んだのでした。

熱意が横澤さんに伝わったかどうかは分かりませんが、翌年の七月、僕は希望していた制作部へ異動することになりました。

フジテレビの制作部は当時、ドラマを作る第一制作部、バラエティや音楽番組を担当する第二制作部、ドキュメンタリーや情報番組を手掛ける第三制作部に分かれていました。もちろん僕は第二制作部志望。制作スタッフはいくつかの班に分かれて番組を制作します。僕が配属されたのは、ほかでもない、憧れの横澤班でした。

就職時の逸脱感を振り払った末にやっと見つけた〝自分のやるべき仕事〟を、念願のプロデューサーの下で始められる。経験を積んで自分の力を発揮するのに、これ以上の舞台はありません。

この時の僕は、どこまでも楽天的でした。その先に待ち受けているＡＤの世界が、どれほど苛酷で孤独なものかも知らずに……。

## 「たけしさんを呼んでこい！」

ここで、当時のフジテレビの状況について少し説明しておきましょう。

この頃のフジテレビは、ひと言で言って変革の最中にありました。一九八〇年、三五歳の若さでやって来た鹿内春雄副社長が、それまで外部にあった制作会社を次々と吸収していったのです。一九七〇年代まで、フジテレビの制作現場では、組合運動を理由に実力のある人が外部の会社に左遷され、番組作りに対するモチベーションが下がっていました。当然、視聴率もふるいません。春雄さんは機構改革を断行し、フジテレビ主導で番組を作ろうとしたのです。

それまでのテレビは、新聞やラジオより格下に見られていました。テレビは二流のメディアであり、そこで働く人間も一流ではないのだと。

春雄さんはそんな自虐的な気分に包まれていたテレビ人に、意識変革を促しました。特に若い社員に向かって、「自分たちはもっとプライドを持って仕事をすべきだ」「テレビマンは堂々とテレビを肯定しなければならない」という、強烈なメッセージを発信したのです。今につながるフジテレビのDNAは、春雄さんが持ち込んだものと言えるでしょう。

ただ吸収合併の結果、制作部は少々複雑な状況になりました。もともと正社員だったスタッフと、外部の制作会社で採用された無頼漢みたいな人たちが、入り交じって仕事をする形になったのです。

例えば、横澤さんは元々の社員でしたが、「ひょうきんディレクターズ」として知られる五人（佐藤義和さん、三宅恵介さん、荻野繁さん、山縣慎司さん、永峰明さん）は外部採用のスタッフ。やや意地悪な言い方をすれば、彼らは横道からフジテレビに入ったようなものです。実はこの正社員と外部採用の社員との間には〝目に見えない感情的な対立〟があるのですが、新人だった僕には、しばらくそれがどんなものか分かりませんでした。


僕の制作部としての最初の仕事が、まさしく『オレたちひょうきん族』のADでした。プロデューサーはもちろん横澤さんです。

ビートたけし、明石家さんまというお笑い界の二大スターを中心に、東西の若手芸人が多数集結した土曜八時枠の『ひょうきん族』は、『笑っていいとも!』と並ぶフジテレビの看板バラエティになっていました。裏番組は、TBSの『8時だョ!全員集合』。熾烈な視聴率競争が繰り広げられている真っ最中です。
右も左も分からない状態で放り込まれた先が、バラエティの最前線。制作の現場は徒弟制度のような世界ですから、新人ADは、まずディレクターが吸うタバコの銘柄から覚えなければなりません。ある程度の心構えはできていましたが、現場に入った僕は完全にフニャフニャな状態でした。ただでさえ何も分からないのに、『ひょうきん族』の常駐ADはわずか三人だけ。とにかく忙しいのです。

失敗エピソードは山のようにありますが、忘れられないのはタレントさん絡みのものです。ある時、先輩ADから「出番だからたけしさんを呼んでこい」と言われました。急いで楽屋へ走り、「たけしさん、そろそろ出番ですのでよろしくお願いします！」と元気よくお願いする僕。たけしさんも「おうっ」と、気持ちよく応えてくれます。安心した僕がスタジオへ戻って「呼びました！」と報告すると、先輩の雷が落ちました。

「バカ野郎！　ここへ連れてくるんだよっ」

呼んでこいというのは、声をかけるのではなく、ここへ連れて来いという意味だったのです。僕はそんなことすら知りませんでした。

慌ててたけしさんの元へ駆けつけましたが、相手が相手だけに、簡単には腰を上げてくれません。最後には、業を煮やした先輩が自分で迎えに行くはめになりました。

スタジオの隅でスタンバイしている太平シローさんに、「火、ありまっか?」と聞かれた時のことも忘れられません。

スタジオは原則禁煙ですし、僕はタバコを吸わないのでライターを持っていません。慌てて周りのスタッフから借りて事なきを得たのですが、なんとその翌週にもシローさんから、「火、ありまっか?」と同じことを聞かれたのです。再び慌てながらライターを借りにスタジオを走り回った僕。いったい何をやっているのか。一度そういう経験をしたのなら、自分はタバコを吸わなくても、気を利かせてライターを持参しておくのが常識なのに……。

勉強はできても、現場ではまったく気が回らないダメなAD。それが当時の僕でした。必要なのはイマジネーションなのです。相手が気持ち良く働くことを望んでいるなら、それを実現するために自分はどう動くべきか? それを分かるのが、本当に「頭のいい人」の振る舞いなのです。僕がADになって最初に学んだのは、こんな基本的なことでした。

## 『ひょうきん族』の不協和音

『ひょうきん族』では、島田紳助さんが司会を担当する「ひょうきんベストテン」と、街中や行楽地へ出かけて行う「ひょうきん懺悔室」の番外編である「出張懺悔室」を担当しました。担当とは言っても、入りたてのADにクリエイティブな仕事は与えられません。コピーや資料作り、出演者の仕込み、ロケ場所の確保などが主な仕事です。

入ったばかりの新人ですから、演者さんとの関係もごくごく浅いものに限られます。紳助さんはスターでしたが、ロケなどで一緒になる演者さんは、コント赤信号、片岡鶴太郎、山田邦子といった皆さんで、テレビの世界では彼らもまだ若干の扱いでしたから、僕も比較的気が楽でした。

一方で、仕事の環境はかなり居心地の悪いものでした。

プロデューサーとディレクターは社員ですが、先輩ADはみな非社員。今風に言うなら派遣社員です。『ひょうきん族』担当のADには一八歳からこの道に入っている人もいて、既に何年もの現場経験を積んでいます。

彼らにしてみれば、僕は突然やって来た「使えないやつ」に過ぎません。東大出というだけで「勉強のできるお坊ちゃんに何ができるんだよ」という見方をされるだけでなく、僕は彼らよりも年上。なおのこと扱いにくい存在だったはずです。実際、似たような環境にあった僕の先輩ADの中には、ノイローゼになって制作部を離れた方もいたようです。

社員のディレクターにしても、元は外部の制作会社にいた人たちですから、マインド的にはフジテレビ生え抜きの正社員と対立しています。『ひょうきん族』の現場には、まさにこの対立構造がありました。横澤さんとひょうきんディレクターズの仲が、うまくいっていなかったのです。陰では相当悪口を言っていましたし、僕も何度がそういう場面を目撃しています。


現在、テレビ業界についてある程度知っている人たちの間では、横澤さんが『ひょうきん族』の中心人物だったという認識があるようですが、実際のところ、番組に対する影響力はそれほど大きくなかったと思います。プロデューサーである横澤さんがコントロールしていた部分は意外に少なく、ひょうきんディレクターズが自分たちのやりたいことをやっていた、というのが本当のところ。

そして良くも悪くも、ひょうきんディレクターズたちの頭の中にあるのは、面白いこと、ふざけたことを徹底的に追求するという、ある意味で純粋すぎる目的意識だけ。ですから、遅れてやって来た新人ADのことなど、どうでもよかったのでしょう。事実、この頃の僕はほとんど相手にされませんでした。

憧れの横澤班へとやって来たのに、番組の責任者であるプロデューサーは時々姿を消すし、制作現場を仕切るディレクターたちは好き勝手なことをやっている――。「大丈夫なのかな、この番組……」。毎日忙しく働きながら、心の底にはいつもそんな思いがありました。

この頃の僕の生活は、ほとんど休みがないというハードなものでした。

仕事の中心は『ひょうきん族』でしたが、並行して『初詣！爆笑ヒットパレード』や、後述する『タケちゃんの思わず笑ってしまいました』など、特番の仕事も入ってきます。番組が変わっても、ADの仕事内容は何も変わりません。資料作りや弁当の手配、出演者の仕込みなど、下準備と現場の補助的な仕事ばかり。

僕のAD時代はだいたい三年半あるのですが、入って半年ほどのこの時期は、完全に丁稚奉公のようなものです。言われたままに動き回り、気が利かないと先輩ADに怒鳴られ、ディレクターには無視される。想い描いていたクリエイティブな仕事は、いつになったらさせてもらえるのだろう……。

鬱々とした気持ちを忘れさせてくれるのは、下北沢の酒場だけでした。酒の量は毎月のように増えていきます。そろそろ限界が近付いていていました。

## 楽しく充実していた『笑っていいとも!』時代

行き場のない鬱屈に苛まれていた一九八五年の春、僕にひとつの転機が訪れました。四月からの異動を言い渡されたのです。行き先は『笑っていいとも!』。放送開始から二年半が経過した同番組は、既に国民的な人気番組に育っていました。『ひょうきん族』と同じ横澤班の仕事ですが、こちらは毎日スタジオアルタからの生放送。制作の体制はまったく違います。

プロデューサーは横澤さん。ディレクターは曜日ごとに異なり、ひょうきんディレクターズ二人も含まれていました。ADは各曜日だいたい四人で、毎日スタジオアルタ通い。役割はポジションによって異なり、スタンバイと呼ばれる裏方の準備係と、スタジオの表で出演者に指示を出す上手《かみて》、センター、下手《しもて》に分かれて仕事をします。曜日ごとにチーフADが決められており、僕は金曜日を受け持っていました。

しかもその九月からは、「いいともスタッフ隊」として僕自身もカメラの前に立っています。ある日突然、横澤さんから「明日から青年隊をやれ」と言われ、よく分からないままに「はい」と生返事。そこから半年間、毎日カメラの前で踊っていました。

仕事は忙しかったけれど、この頃はとにかく充実していました。

飲みに行ったり、御飯を食べに行ったり、さらには神宮のプールで泳いだりと、仕事以外でも仲間と一緒に遊ぶことが多かったのです。同じADとして働いていても、精神的には『ひょうきん族』より『笑っていいとも！』の方がずっと楽でした。その理由は、番組のカラーにあります。

『笑っていいとも！』は、全面的に横澤さんのカラーで作られていたのです。横澤さんのカラーとは、簡単に言うと「文化的な要素」のこと。横澤さんはたいへん開明的な人で、自分が手掛ける番組には常に文化的なテイストを盛り込もうとしていました。台本を書く作家さんに、すごくお金を使っていたのです。それもテレビの世界だけで生きている専業作家ではなく、テレビ以外で自分の世界を持っている、いわゆる文化人を多く起用しました。

例えば、『ひょうきん族』の構成作家だった高平哲郎さんは、映画や演劇、音楽に非常に詳しいですし、同じく高田文夫さんは本職並みの落語家でもあります。自分の力でカルチャーを作ることのできる人が背後にいるので、あれほどふざけた内容でも、『ひょうきん族』にはバラエティ番組としての厚みと奥行きがあったのです。

その文化的なテイストが特に色濃く出ていたのが『笑っていいとも！』でした。番組のコアとなったのは、プロデューサーの横澤さん、司会のタモリさん、そして同番組の作家のひとりだった高平哲郎さん。初期の『いいとも！』は、三人の個性が作った番組と言ってもいいでしょう。彼らの持つ笑いの感覚や人柄の良さ、知的な振る舞いなどが、『ひょうきん族』時代の鬱屈していた僕の心を解放してくれたのかもしれません。横澤さんは、高平さんやタモリさんのような文化人が集まる場に、よく僕を連れて行ってくれました。

横澤さんからは多くのことを教えられましたが、最も強く僕の心に残っているのは、「真面目に遊び、真面目にふざけなさい」という言葉。『笑っていいとも！』の仕事に就いて初めて、僕はこの言葉の意味を知ったように思います。

## 現代のモーツァルトに出会えた幸運

『笑っていいとも！』で印象に残っているのは、当時三〇歳だった明石家さんまさんです。タモリさんとさんまさんが一枚のハガキをネタにフリートークを二〇分間続ける「日本一のサイテー男」は、数多くの逸話を生んだ金曜日の名物コーナーでした。

毎回話が盛り上がるので、タモリさんもさんまさんも、なかなかCMに行こうとしません。さんまさんに至っては、僕に向かって「誰がCMに行くかい！」と、とんでもないことを言い出す始末。困り果てた僕たちは、「CMに行け」という振り落としの幕を使ったり、営業局長の名でOA中に電報を届けたりと、毎回知恵を絞って奇抜なアイデアをひねり出しました。プロが繰り出す笑いの攻撃に、こちらも笑いの企画力で対抗したのです。

そんなさんまさんのトークから僕が学んだのは、芸人は〝計算する人たち〟だということ。さんまさんは自由気ままにフリートークをしているように見えて、実はトークの最中にしっかりオチを探しています。トークに自分の笑いの方程式を当てはめ、頭の中で素早く計算し、初めは小さな種に過ぎなかった笑いを、最終的には驚くほど大きな果実にして見せるのです。さんまさんはいわば、この計算がとてつもなく上手いトークの天才。僕のお笑いの原点にあるのは、間違いなく明石家さんまさんの存在です。二五、六歳の若い時期に毎週、あの天才を間近で見られたことは、僕の大きな財産になっています。

同じように、AD時代の僕はたけしさんからも大きな影響を受けています。一九八三年からスペシャル番組として断続的に放送された『タケちゃんの思わず笑ってしまいました』は、僕にとっても思い出深い番組。たけしさんはここで、バラエティにおける実験的な試みを数多く行っています。

中でも注目すべきは、コントのスタイルでしょう。『ひょうきん族』は『THE MANZAI』の流れを汲んでいるので、漫才師同士が丁々発止のコントを繰り広げるのですが、この番組でたけしさんは、なんと俳優さんを相手にコントを行っているのです。そこにあるのは、緻密に計算された新しい形の笑い。今ではこの形も珍しくなくなりましたが、最初に見たときは本当に驚きました。

たけしさんは基本的に飽きっぽい人なのですが、この番組にはかなり力を入れていたと思います。台本作りから参加するほど、熱心に取り組んでくれましたから。

僕が最初に『ひょうきん族』に入った時、既にたけしさんは『ひょうきん族』のあり方に少々飽きていたのかもしれません。それでも、たけし・さんま・紳助の三者間には、ある種の緊張関係がありました。

貪欲なまでに笑いを欲しがるさんまさんと、それを見て呆れ、時にはムカついてしまうたけしさん。そして、「なんでそんなに一生懸命やねん」と、笑いそのものをクールに捉える紳助さん。三人の絶妙な緊張バランスによって、『ひょうきん族』は高いレベルでその番組クオリティを維持できていたのだと思います。

僕はAD時代の三年半に、タモリ・たけし・さんまという、日本のお笑い界を代表する三人の天才たちと一緒に仕事をする幸運に恵まれました。この三人は、圧倒的な才能と知恵と力を持つ、現代のモーツァルトのような存在です。

僕は元来、特定のタレントさんへの憧れというものがありませんでしたし、三人から笑いについて直接薫陶を受けたわけではありませんが、その影響は計り知れないほど大きく、その後の僕の行動指針のひとつになっています。何かに迷った時、「たけしさんだったらどう考えるだろう」「さんまさんだったらどうするだろう」とイマジネーションを働かせ、そこから自分なりの解を導き出すことがよくあるのです。

これほどの三人に仕えた経験は、ディレクターになってからも大いに役立っています。彼らが八〇年代に確立した圧倒的な笑いの文法が自分に染み付いていたからこそ、若い芸人さんたちに演出する時も、揺るぎない自信を持って指示を出すことができる。

この時代に笑いの〝ビッグ3〟が成したことを、バラエティを志す後輩たちに伝えること。それも僕の仕事だと思っています。

## 同僚から受けた屈辱

『笑っていいとも！』に異動した一九八五年、僕はADとしてもうひとつ別の番組にも参加しています。番組タイトルは『冗談画報』。ブレイク前の若いお笑いタレントやミュージシャンが多数出演する、深夜枠のバラエティ番組です。

ここでのADの役割は、出演させたいパフォーマーを自分の力で発掘すること。それまでは受け身の仕事ばかりでしたから、このミッションは当時の僕にとって非常に新鮮でした。

魅力的な新人を見つけるためには、自ら街に出て探さなければなりません。ずいぶん沢山の芝居を見ましたし、小さなライブにも顔を出しました。少しでもいけそうなパフォーマーがいれば、連絡して面会し、「あなたと番組を作りたいんです」と熱心に説得する。そこまで魅力的なパフォーマーは少ないので徒労感もまた大きいのですが、この番組が僕の仕事に対する意識を変えたことは確かです。

人から命令されて動くのではなく、番組への参加意識を持ちながら、自分の裁量で物事を決めていく。ADという立場は変わりませんが、仕事に対するモチベーションは確実に上がりました。

徐々に芽生えてきた仕事のやり甲斐。ここでうまくギアチェンジできれば、自分もそろそろディレクターになれるだろう。そんな考えもちらほらしていた『笑っていいとも!』三年目の夏。予想もしなかった事態が起こり、僕の人生は再び暗転することになります。

一九八七年の七月に行われた人事異動で、『笑っていいとも!』での同僚ADだった星野淳一郎が、一足先にディレクターに昇格したのです。星野は僕よりひとつ年下ですが、早稲田の附属高時代からアルバイトでADをやっている大ベテラン。キャリアは一〇年以上で、実力もあります。頭では納得できる人事でしたが、僕の心は事実の受け入れを頑なに拒否していました。

星野と僕が上司と部下の関係になったある日のこと。その日は番組の演出で、ある出演者が歌を歌うことになっていました。リハーサルでは、スタッフがダミーでその曲を歌わなければなりません。レギュラー全員がいる前で星野が指名したのは、ほかでもないこの僕でした。

「おい吉田、お前が歌え。当然、覚えてきてるだろうな」

おそらく星野は、みんなの前で僕らの上下関係をはっきりさせたかったのでしょう。全員の前で僕のプライドを打ち砕くことができれば、二人の間のわだかまりはなくなる。そう考えたのだと思います。僕はその曲を小さな声でボソボソ歌いました。頭ではなく、心が僕に「絶対に歌うな」と叫んでいたのです。

こんないびつな関係のまま八月が過ぎ、九月に入りました。もやもやした気分はひどくなる一方です。この頃の僕は新宿からほど近い笹塚に住んでいたので、仕事が終わると毎晩のように新宿に繰り出しては、朝方まで酒を飲んで暴れていました。新宿中の酒を飲み尽くすほどの勢いでしたが、悲しいかな酒しか救いがなかったのです。

さすがに上司も、これではまずいと判断したのでしょう。一〇月からは再び配属が変わり、僕はチーフADとして再び『ひょうきん族』へと戻ることになりました。

これで僕と星野の縁が切れたかというと、さにあらず。僕らはこの後の仕事で、さらに深く関わることになるのです。

## ディレクターにはなったけれど……

戻っては来たものの、『ひょうきん族』での僕の立場は依然としてＡＤのまま。既に三年以上の経験を積んでいますから、普通に考えればディレクターに昇格してもいい頃です。僕の中にも、「この世界でやっていける」という自信のようなものが生まれつつありました。

ところが、番組の中心にいるひょうきんディレクターズからは、一向に相手にしてもらえません。やれば必ず認めてもらえる優等生的人生を送ってきた僕にとって、これはかなり辛い状況でした。

実は、会社の他の部署にいる人は認めてくれていたのです。

この頃、編成部には同じ東大出身の同期である小牧次郎が在籍し、後に深夜番組『カノッサの屈辱』などに企画参加するホイチョイ・プロダクションと仕事をしていました。ホイチョイ・プロダクションは、このほかにも『私をスキーにつれてって』といったフジテレビ映画なども手掛けていたのですが、小牧は僕に、これら一連のホイチョイプロジェクトを「一緒にやらないか」と誘ってくれたのです。

でも僕としては、今いる場所で認められていないのに他へ移ることはできません。やってもやっても認められない悔しさを噛みしめながら、黙々と仕事に打ち込んでいました。

気持ちが晴れなかった理由はもうひとつあります。『ひょうきん族』へ異動になったのと同時に、以前からADを務めていた『冗談画報』のディレクターを任されたのです。

つまり肩書き上は既にディレクターになっていたのですが、この時の人事は、大勢いたADを「お情け的に昇格させる」といった変則的な形。本来ディレクターとは、個人の実力が認められて初めて就けるポジションであるはず。かつての落語協会における「集団真打」のような形で昇格しても、嬉しくもなんともありません。

実際、ほとんどの現場ではADとして働いているわけで、この頃の僕は自分でも自分の立場がよく分からないという、ひどく曖昧な状態にありました。

星野との軋轢からは解放されたけれど、再び自分の存在価値を見出せない環境に置かれたことで、フラストレーションは溜まるばかり。酒の量はますます増えました。AD時代は酒ばかり飲んでいた僕ですが、この頃が一番ひどかったような気がします。

本当のところ、当時の僕が望んでいたのは、忙しくも楽しかった『笑っていいとも!』のディレクターになることでした。しかしながら、そのポジションはなかなか空きません。

そうこうしているうちに僕は『ひょうきん族』のADを卒業し、一九八八年の四月からは別の番組のディレクターとして一本立ちすることになりました。担当したのは、『テレビくん、どうも』というさんまさんメインのトーク番組と、『冗談画報』に続く『ライブはライブ』というライブエンタメ番組。ついに念願のディレクターになれたわけです。

普通なら飛び上がって喜んでいいはずですが、実のところ、この頃の僕にそんな余裕はありませんでした。別のとんでもなく大きな仕事を引き受けることになり、じりじりと追い詰められていたからです。

## 僕がトイレで号泣した理由

一九八七年の夏、フジテレビは開局三〇周年記念として、二四時間バラエティ『FNSスーパースペシャル 1億人のテレビ夢列島』を放送し、予想以上の高視聴率を上げます。この番組は、日本テレビの『24時間テレビ 愛は地球を救う』に対抗すべく企画された、言わば〝フジテレビ版24時間テレビ〟であり、制作実務を取り仕切ったのは、誰あろう星野でした。

この成功によって一九八八年も放送することが決まったのですが、制作部のモチベーションは一向に上がりません。もともと一回限りという前提で作った番組だったので、スタッフが燃え尽きてしまったのです。

では、誰が二年目を引き受けるのか。プロジェクト自体、社命ではありましたが、誰もが尻込みするような状況でした。結局、ゼネラルプロデューサーは一年目に引き続き横澤さん、現場の指揮を執るチーフプロデューサーはひょうきんディレクターズの佐藤義和さんに決まったのですが、制作を仕切る担当者が決まりません。一年目を務めた星野は、どうしても嫌だの一点張り。

そんな中、なんと僕にお鉢が回ってきたのです。

「こんな大役、自分にできるだろうか……」

状況の厳しさに加え、一年目は星野が仕切って大成功を収めたという前例があるため、いやおうなしに比較される。悩みに悩みましたが、社命ですから引き受けるしかありません。腹をくくり、覚悟を決めて臨みました。

ところが、途中で予想外の出来事が起きました。

五月に佐藤さんが胃潰瘍で入院し、現場を離れてしまったのです。横澤さんは初めから現場にいませんから、動けるのは僕だけ。というより、自分が詳細を決めて動かなければ、番組が作れない状況に追い込まれたのです。

ネット局を全部集めた会議の司会もしなければなりませんし、助けてくれる人はほとんどいません。周囲には、「あいつにできるのかよ」と冷ややかな目で見る人もいます。経験したことのない孤独感に襲われ、苦しい日々が続きました。

逃げ腰だったのはスタッフだけではありません。総合司会の人選も難航しました。

横澤さんが、一年目を成功させたタモリさんとさんまさんにお願いしたのですが、さんまさんは頑なに固辞。何度も説得した末にやっとタモリさんが引き受けてくれて、もう一人は笑福亭鶴瓶さんに決まりました。

ただ、当時の鶴瓶さんは全国的にはまだ知名度が低く、「トークではすぐに人の話を奪ってしまうタレント」として、フジテレビの他の部署では厳しい評価をする人もいました。社内の多くが彼の起用を不安に思っていたのです。

一九八八年は青函トンネルと瀬戸大橋が開通した年です。番組のテーマはそれを象徴する「結ぶ」に決まりました。企画内容は、タレントさんたちが北海道と九州から全国各地の中継駅を回り、東京を目指すというもの。そのためには、民営化されたばかりのＪＲ各社の協力を仰がねばなりません。

事前に各社の広報担当者を通じて了承を得ていましたが、実際の中継協力をお願いするため、僕は北海道から九州まで、各地のＪＲ本社をひとつひとつ訪ね回りました。これは、本来は管理職が担うべき重要な役割です。それをペーペーの新米ディレクターがやっている……。

お願い回りの中、ＪＲ北海道で痛恨のミスを犯しました。

企画内容を説明する僕は、先方の担当者に向かって、ついうっかり「東京では了承を得ています」と口走ってしまったのです。分割民営化したばかりでデリケートになっているＪＲの方に向かって、言ってはいけないひと言でした。

「東京のことなんか関係ないんだよっ！」と一喝された僕は、オロオロするばかり。土下座して謝ろうかとも思いましたが、なんとかその場は乗り切れました……。

頼み事をするときには「相手の面子を立てる」必要があることを、僕はすっかり忘れていたのです。そんな苦い経験をしたJR行脚でしたが、得るものもありました。プレゼン術を現場で学ぶことができたのです。一歩引いて身構えている相手をどう説得するか。相手を怒らせてしまったら、どうフォローすべきか。この時の経験が後々の人生に役立っていることは間違いありません。


そんなこんなで放送当日。現場からの中継がうまくいかなかったり、カメラマンが指示通りに動いてくれず、後から中継局に怒鳴られたりといろいろあったのですが、とにもかくにも無事にエンディングを迎えることができました。西から東京駅に、東から上野駅に新幹線が入って来るのを見たときは、胸のつかえが下りて一挙に力が抜けたのを覚えています。

打ち上げの会場は、当時フジテレビがあった河田町の第六スタジオ。歓喜しているスタッフやタレントさんをよそに、僕は一人その場を離れてトイレに飛び込みました。我慢していた涙が滝のように流れ出てくる……。声を上げて号泣する姿を、誰にも見られたくなかったのです。

その涙の意味は、「大変なことを立派にやり遂げた」「初めてなのによくやった」という、前向きの気持ちから出たものではありません。「みんながやりたくないものをなんとかやり終えた」「負け戦と分かっているのに勝負せざるを得なかった」自分の、どちらかと言えばネガティブな感情から出てきた涙でした。たった一人で重荷を背負ってやり終えたのに、これだけの関係者がいる中で、誰一ひとり分かってくれる人はいない。そんな孤独感です。僕が泣いている姿を見ても、誰もその理由を理解できなかったでしょう。

四〇分ほどトイレで泣き腫らした後、スタジオへ行きました。鶴瓶さんの顔を見た瞬間、また溢れ出てくる涙。たまらずお礼を言いました。

「みんな今回の24時間イヤがっていたけど、無事に走り通したじゃないですか。ありがとうございます！」

きょとんとする鶴瓶さん。そう、僕の想いはどこまでも空回りしていたのでした。

## 主要番組解題①

文＝ラリー遠田

『オレたちひょうきん族』
放映＝1981年5月～1989年10月
吉田正樹＝アシスタント・ディレクター

日本のテレビバラエティの歴史は、「ひょうきん以前」と「ひょうきん以後」に分けられる。『オレたちひょうきん族』は、テレビの世界に革命を起こして、バラエティ番組の作り方を根本的に変えてしまった。

娯楽番組で理想とされる「楽しい番組」という言葉は、もともとは「視聴者を楽しませる番組」を意味するものだった。だが、『ひょうきん族』では、視聴者を楽しませることよりも、制作者や出演者が楽しく番組を作ることを優先した。自分たちが楽しくなければ、見ている人が楽しくなれるわけがない。一見、もっともらしい理屈である。

だが、横澤彪プロデューサーが中心になって作り上げたそのコンセプトは、それまでの番組作りの常識を覆す革新的なものだったのだ。

テレビのバラエティ番組はもともと、寄席や劇場といった舞台の演出をベースにして作られている。観客の目の前で直接見せるか、カメラを通して視聴者に見せるか、という違いはあっても、バラエティ番組とは基本的に「ショー」の一種として考えられていたのだ。

だからこそ、それをやるにあたっては、きっちりした台本があり、カメラ割りがあった。いわば、コントとは、芝居を演じるのと同じくらい厳格に台本をなぞって行われるべきものだったのだ。

だが、『ひょうきん族』ではそれを否定した。漫才ブームで多忙を極めていたビートたけし、島田紳助をはじめとする当時の若手芸人たちは、何度も繰り返しリハーサルを行うような、従来のテレビの作り方に激しく抵抗した。開始当初、たった1つのコーナーを収録するのに、7時間以上もかかっていたことがあったのだ。

「漫才なら20分やればギャラが出るのに、こんなに割の悪い商売はない」

そんなわがままを言う芸人に対して、職人肌の技術スタッフも猛烈に反発。現場はなかなかまとまらなかった。

そこで、横澤は発想を切り替えた。彼は、「スタジオを遊び場にする」というアイデアを思いついたのだ。リハーサルの回数を極力減らし、リハで面白かったらそれをそのまま使ってしまうことにした。出演者には、自由にアドリブを入れることを許した。遊び半分でその場の思いつきから生まれたような企画を、どんどん具現化していった。

こうして、芸人もスタッフも乗り気になり、遊び場としてのバラエティ空間が生まれた。それが、結果的に、「自分たちが楽しむことで視聴者を楽しませる」という新しいバラエティの潮流を作り上げたのだ。

『ひょうきん族』はいつしか、同時間枠で放映されていた従来型のバラエティ番組『8時だヨ！全員集合』を抜き去り、時代を牽引する存在となったのだ。

『オレたちひょうきん族 THE DVD 1981-1989』
●発売／販売：フジテレビ映像企画部／ポニーキャニオン　●税込18900円
©2009 フジテレビジョン

---

『森田一義アワー　笑っていいとも！』
放映＝1982年10月～2010年6月現在放映中
吉田正樹＝アシスタント・ディレクター→ディレクター

---

『笑っていいとも！』は、ただの長寿番組ではない。歌手にとって、『NHK紅白歌合戦』がステータスになるのと同じく、『いいとも』のレギュラーメンバーに選ばれることは、テレビタレントにとって大きなステータスとなる。『いいとも』は今や、バラエティに出てくるタレントや文化人の価値を客観的に計測するための1つの重要な物差しとなった。「テレフォンショッキング」のゲストで登場するのは、「最近勢いのある人」か、「すでにそれなりの地位にある人」のいずれかというパターンが多い。そして、レギュラーメンバーになると、「タレントとして一人前」というお墨付きが与えられるのだ。

　その価値基準としての信頼を保証しているのが、司会を務めるタモリの人間離れした公正中立なスタンスである。この番組で彼は常に引き気味の態度を貫き、毎日淡々と仕事をこなしている。時には意味不明のボケを繰り出し、共演する後輩芸人たちをあきれさせることもある。その自由奔放な振る舞いは、とてもベテラン芸人とは思えない。

　タモリはテレフォンショッキングでどんなジャンルのゲストが出てきても、常に冷静に対応する。自分の型に無理にはめようとしないで、相手をほったらかしで泳がせながら、話を引き出すという構えができているのだ。

　コージー冨田がタモリの物真似をするとき、「髪切った？」というセリフを使うことがある。あれは、それをタモリが実際によく言っているかどうかが問題なのではない。誰が相手でも、そういう日常レベルの話題から入っていくのがタモリの持ち味だということを物真似芸の形で表現しているだけである。

　『いいとも』という番組は、タモリのタレントイメージも一変させた。マニアックな密室芸でコアなファンを獲得し、『今夜は最高！』で大人向けのバラエティショーを演じていた奇才は、『いいとも』の大ヒットによって、「お昼の顔」として新たな一面を獲得した。「友達の輪」というフレーズも大流行して、タモリは一気にメジャーなタレントになった。タモリが肩の力を抜いて気楽に振る舞う司会術を確立したことで、テレビ界に新たな金字塔が打ち立てられたのである。

『タケちゃんの思わず笑ってしまいました』
放映＝1983年3月〜1987年10月
吉田正樹＝アシスタント・ディレクター

お笑いタレントとしてのビートたけしのキャリアを振り返ってみると、ひとつ特徴的なことがある。それは、あれだけの人気と知名度がある割には、彼が、「自分を中心にしたお笑い要素の強い看板番組」をゴールデンタイムに持っていた経験はそれほど多くない、ということだ。

例えば、『オレたちひょうきん族』は、たけしを大看板として立てながらも、同世代の若手芸人たちが共同作業で作り上げていくタイプの番組だった。また、『ビートたけしのスポーツ大将』『風雲！たけし城』『天才・たけしの元気が出るテレビ!!』などの80年代に始まった人気番組も、スポーツ、ロケといった要素を軸にしたバラエティ番組という側面が強く、スタジオコント中心の「お笑い番組」の枠には当てはまらないものばかりだった。

そんな中で、『タケちゃんの思わず笑ってしまいました』は、ビートたけしの歴代の番組の中でも珍しく、彼がたった1人で企画・構成に関わり、本格的なコントや漫談、実験的な企画の数々を手がけた貴重な番組である。83年から87年にかけて、ほぼ半年に一度のペースでじっくり制作されたということもあり、たけしが自分のやりたい笑いの形を徹底的に追求していた。

内容としては、『ひょうきん族』と同時期に放送され、スタッフの布陣もほぼ同じということもあり、ひょうきんテイストを引き継ぎながらも、さらにたけし色を強めたような感じである。「牛田モウ」「犬田ワン」などの動物鳴き声キャラ、鬼瓦権造など、後にたけしの代名詞となるキャラが次々と生まれたのもこの番組からだ。

また、お笑い番組として画期的だったのは、コントで本職の役者を起用していたということ。役者には台本通りのしっかりした演技をさせて、相手役であるたけしがその隙間を縫うようにしてボケを繰り出す、という役割分担ができていたのだ。それは、番組全体が芸人同士のお祭り騒ぎの場と化している『ひょうきん族』との大きな違いだった。

この番組で演じられるコントは、たけし個人の芸風が反映されていて、くだらなさを基調としながらも、どこかシニカルでドライな味わいがある。そこには、のちの北野武映画の作風にも通じるものがあった。

『タケちゃんの思わず笑ってしまいました』
●発売／販売：フジテレビ映像企画部／ポニーキャニオン　●税込6300円
©2010フジテレビジョン

『冗談画報』
放映＝1985年10月〜1988年3月
吉田正樹＝アシスタント・ディレクター→ディレクター

漫才ブームの嵐が過ぎ去って、80年代前半のお笑い界は明暗がくっきりと分かれていた。たけし、さんまを含む『オレたちひょうきん族』の面々、『笑っていいとも！』のタモリ、『8時だョ！全員集合』のドリフなど、ごく一部の強者だけがテレビ界を席巻し、それ以下のキャリアの浅い若手が出る幕はほとんどなかったのだ。

ただ、実際には、当時のお笑いシーンは「革命前夜」とでも呼ぶのにふさわしい、次の盛り上がりに備えた準備段階に入っていた。テレビ制作者たちも、新しい才能を持った若手芸人がライブで活躍しているのを聞いて、それを発掘するための作業に取りかかっていた。

その流れの一環として、フジテレビの深夜枠で始まったのが『冗談画報』である。85年にスタートしたこの番組は、泉麻人が司会を務め、ライブシーンをにぎわせているような新進気鋭のお笑いタレントやミュージシャンを紹介していくというものだった。

今振り返ると、この番組に出演したメンツは実に豪華だ。お笑いでは小堺一機、関根勤、ダウンタウン、ウッチャンナンチャン、WAHAHA本舗、竹中直人、清水ミチコ、野沢直子、爆笑問題、伊集院光など。ミュージシャンでは、米米CLUB、バブルガムブラザーズ、筋肉少女帯、聖飢魔Ⅱ、スチャダラパー、電気グルーヴなど。90年代以降のエンタメ業界やサブカル業界を背負う大物たちが、一堂に会していたのだ。

彼らは、持ち前の瑞々しいセンスを爆発させて、若者中心の視聴者に大きな衝撃を与えた。音楽の分野では、彼らの多くが中心となって、80年代後半からバンドブームが起こり、音楽業界は空前の好況に沸いた。

一方、お笑い界では、ダウンタウン、ウッチャンナンチャンらが中心になって伝説の深夜番組『夢で逢えたら』が始まり、「お笑い第三世代」の新たなムーブメントが生まれた。

また、『冗談画報』が作られてから、フジテレビの深夜枠では、若手ディレクターが従来のテレビの常識に縛られない実験的で独創的な番組作りを手がけるようになり、『カノッサの屈辱』『カルトQ』『TVブックメーカー』『たほいや』などの人気企画が次々に誕生して、フジテレビの深夜番組黄金時代を築き上げることになった。

『笑っていいとも!』ディレクター時代

第二章

# 神の配剤——『夢で逢えたら』

## 『ひょうきん族』から学んだこと

テレビ番組の一生は、人の一生に似ています。生まれて、成長し、成熟期を迎え、やがて最期がやって来る。どんな人気番組も、いつかは必ず終焉の時を迎えます。

八〇年代バラエティの黄金期を築いた『オレたちひょうきん族』が終了したのは、一九八九年の一〇月。思えばその二年前に僕が『ひょうきん族』に戻って来た時から、番組には既に陰りが見え始めていました。一九八六年の一二月に「フライデー襲撃事件」を起こして以来、たけしさんの出演回数が次第に減り、この頃はほとんど画面に登場しなくなっていたからです。

それでも僕はADとして「タケちゃんマン」の担当でしたから、たけしさんと接する機会がよくありました。この時期、たけしさん自身はタケちゃんマンのコーナーに興味を失いつつあったと思いますが、ストレートコントには力を入れており、僕は毎週、ディレクターの三宅恵介さんと一緒にたけしさんの元へ打合せに出かけていたのです。

たけしさんとたけし軍団の人たちがアイデアを出し、会社に戻った三宅さんが、それを元に台本を起こします。もちろん、収録日は三宅さんがたけしさんに演出を付けます。

この現場で、僕はコントがどのように生まれ、どのようなプロセスを経て台本になり、どのように演出すれば最も面白くなるのかを学びました。後年、僕はコントの世界にどっぷりとはまり、自ら作ることにもなるのですが、この時の経験がベースにあることは確かです。


『ひょうきん族』の番組終了には、どこか運命論的なものを感じます。

圧倒的な強さを誇っていたTBSの『8時だョ!全員集合』に挑んで勝利を収め、隆盛を極めた後、その後番組である『加トちゃんケンちゃんごきげんテレビ』に取って代わられたのですから。「栄枯盛衰」という言葉がこれほど似合う番組も少ないでしょう。

先にも書いたように、『ひょうきん族』を作っていたのは、佐藤義和さん、三宅恵介さん、荻野繁さん、山縣慎司さん、永峰明さんからなる五人のひょうきんディレクターズでした。団塊の世代にあたる彼らのエネルギーは凄まじく、眼前に立ち塞がっていた『8時だョ!全員集合』をはじめ、それまであったバラエティの手法を次々とぶち壊していったのです。それはちょうど、鹿内春雄副社長が「これからは若者の時代だ」と言って社員に発破をかけていた頃。ひょうきんディレクターズは皆三〇代の若さでしたから、ディレクターとしては最も脂がのっていました。

『ひょうきん族』のとてつもないパワーは、「横澤VSひょうきんディレクターズ」という対立構造から生じていたのかもしれません。横澤さんはちょっと屈折していて、一筋縄ではいかない人です。だから、自分と違う考えを持っていても、ひょうきんディレクターズの意地悪な視点が番組には必要だと分かっていたから、彼らを進んで起用した。横澤さんにそういうひねくれた部分があったからこそ、結果的にはハチャメチャな彼らを御せたのだと思います。

『ひょうきん族』が放送された一九八一年から八九年は、日本経済がバブルに向かってまっしぐらに走り抜けた熱狂の時代。好きなことをやれる時代に好きなことをやって完全燃焼できたひょうきんディレクターズは、今思えば幸福でしたし、端から見ていても格好が良かった。

彼らを間近に見て伝わってきたのは、どんなにふざけた番組を作っていても、自分を恥じる気持ちは微塵もないという、揺るぎのない自信です。「自分たちは電波芸者ではないし、作っている番組は決して電気紙芝居ではない。意味があるものを作っているんだ」という、過剰なまでの自己肯定。それは鹿内春雄さんが若いフジテレビの社員に植え付けた、新しいDNAそのものでもありました。

自分を肯定することの大切さ――振り返ってみると、僕が『ひょうきん族』から学んだことは、この一点に尽きるような気がします。

## 『ひょうきん族』の後にはぺんぺん草も生えず

『ひょうきん族』が日本のバラエティ史に残る偉大な番組であることは、疑いようもありません。もちろん、僕の個人史においても重要な番組のひとつです。ですが、その作り手の一人として、もうひとつ別の側面についても言及しておくべきでしょう。

制作者の視点から見ると、『ひょうきん族』は極めて特異な番組と言わざるを得ません。八年半も続いたのに、直接的には誰一人として後継者を育てなかったからです。僕をはじめ『ひょうきん族』出身だと公言するテレビマンは結構いるのに、あの番組でADからディレクターに昇格した人は、実は一人もいないのです。

ひょうきんディレクターズにあったのは、「徹頭徹尾、自分たちのやりたいことをやり通す」という傲慢なまでのワガママさと、横澤さんとの確執、そしておそらくは五人の間の権力闘争だけでした。

普通のディレクターなら持っている「人を育てる」という発想や、番組が果たす歴史的役割についての思索というか「大義」のようなものが、彼らにはなかったのです。『ひょうきん族』のAD時代の僕はいつも疎外感を抱いていましたが、その思いは他のADも同じだったはずです。

反対に『笑っていいとも!』で経験を積み、優秀なディレクターになった人は大勢います。この本を書いている二〇一〇年現在、フジテレビのバラエティを支えているのは、『笑っていいとも!』の卒業生と『笑う犬』のディレクター出身者が多いと言っても過言ではありません。『笑っていいとも!』には人が集まる場としての機能と、ディレクターやカメラマンなど、才能あるスタッフを育てる環境があったのです。『ひょうきん族』と『笑っていいとも!』は時代が重なりますが、人材育成という点ではまったく正反対でした。意外に思われるかもしれませんが、結果的には『ひょうきん族』に深入りしなかった人の方が、会社に残って長く活躍しているのです。

バラエティ史に名を残すほど偉大ではあるけれど、大きな悲劇も併せ持っていた番組。それが『オレたちひょうきん族』でした。

あまりにも求心力の強い大きな存在だったために、それに触れてしまった人は自らのポジションを見失い、下手をすればアシスタント的な人生を送ることになってしまう……。その意味で『ひょうきん族』は、関わったスタッフの将来を大きく左右する運命的な番組だったのです。

取材の席で、こんな質問をされることがあります。

「吉田さんにとって、『オレたちひょうきん族』とはどういう存在ですか?」

その時代に最も熱かった番組に参加できた喜びと、最後まで放っておかれた疎外感を思い出しながら、僕はこう答えます。

「間違いなく僕の親ですし、そのことに誇りを持ってもいます。けれど、本当の跡継ぎにはなれなかったかもしれません」

『ひょうきん族』が終わった後、フジテレビのバラエティには何も残っていませんでした。そこにあるのは、ぺんぺん草も生えないほどに荒れ果てた土地だけ。ひょうきんディレクターズは表舞台で完全燃焼したけれど、僕らADは彼らの舞台を支えたまま、ガラガラと崩れ落ちてしまったようなものです。

焦土のような土地で何を育てればいいのか。そこからどんな笑いを作り出せるのか。僕をはじめ次代を担う若いディレクターは、皆途方に暮れていました。

## ウッチャンナンチャンとの出逢い

『オレたちひょうきん族』の終焉を最も早くから予想していたのは、おそらく佐藤義和さんでしょう。僕もADとディレクターを務めた『冗談画報』は、佐藤さんが企画して一九八五年にスタートした番組です。佐藤さんはディレクターとして『ひょうきん族』を作りながら、同時に『ひょうきん族』に代わる新しいバラエティを模索していたわけです。『冗談画報』はそれを試す実験の場でもありました。

この番組で、僕は運命的な出逢いを果たすことになります。その後の僕のフジテレビ人生に多大な影響を及ぼす、ウッチャンナンチャンです。『冗談画報』にほとんどの演者さんは一度しか出演しませんが、彼らはこの番組に二度出演しました。一回目は一九八七年の二月で、ディレクターは永峰明さん。二回目は同じ年の一〇月で、ディレクターは〝集団真打〟として昇格したばかりの僕でした。

この時、ウッチャンこと内村光良は二三歳、ナンチャンこと南原清隆は二二歳。ちなみに僕は二八歳でした。

二人は日本テレビの『お笑いスター誕生!!』で優勝しているのですが、この頃はライブを中心に細々と活動していました。収録時に見せてくれたのは、「コント〇〇〇!」とタイトルを言ってから始める、お馴染みのショートコント。今の若い芸人さんもよく使うこのスタイルは、ウッチャンナンチャンがライブ時代に始めたものなのです。

この時の印象は、今でもよく覚えています。ひと言で言うと、「この二人、いったいどこにいたんだろう?」という新鮮な驚き。「地下鉄対決」「ファミリーレストラン」「コンビニ」など、彼らはコントの設定からして、従来のものとはまったく違っていました。『ひょうきん族』系の演者さんのようなボケとツッコミという形がないし、ギャグで笑いを取るわけでもない。そうではなく、ネタの切り口で驚かせ、センスで笑いを誘うというスタイル。世間では〝シティ派コント〟などと呼ばれていました。団塊の世代が作っている『ひょうきん族』にはまっていた僕にすれば、ウッチャンナンチャンは完全に〝若い世代の笑い〟だったのです。

ただ、インパクトは非常に大きかったのですが、この頃のウッチャンナンチャンは、あくまでもお笑い予備軍のような存在に過ぎませんでした。お笑い番組の頂点には『ひょうきん族』

が君臨しており、若い世代の演者さんが出る幕はありません。ウッチャンナンチャンも深夜枠の単発コント番組『笑いの殿堂』に出演しましたが、その人気は一部のお笑いファン、コントファンの間に限られたものでした。

実は僕がウッチャンナンチャンと初めて出会った少し前、同じ『冗談画報』で、星野淳一郎がダウンタウンの演出を担当しているのです。この時できた「吉田―ウッチャンナンチャン」「星野―ダウンタウン」という、ディレクターと演者さんの関係は、この番組だけで終わりませんでした。

それは翌年、僕たちにも予想できなかった大きな果実を生む布石になるのです。

## 伝説のコント番組『夢で逢えたら』の誕生

『1億人のテレビ夢列島』の仕事で奔走していた一九八八年五月のある日。胃潰瘍で入院していた佐藤さんから、日比谷病院の病室に呼び出しがかかりました。

話の要点は、「『ひょうきん族』はいずれ終わる。そろそろ次の時代を準備しよう」というもの。ポスト『ひょうきん族』を目指す、新しいバラエティを一緒に作ろうというのです。

佐藤さんによる企画の骨子は、ダウンタウンとウッチャンナンチャンを中心に据えたユニット型のバラエティショー。この四人に清水ミチコと野沢直子を加えた六人が演者となる形です。東西一組ずつの演者さんに女性が二人ですから、うまくバランスが取れています。

ただ、この六人がベストかどうかは佐藤さんも不安だったようで、ヒロミ、デビット伊東、ミスターちんからなるコンビ・B21スペシャルを入れようか迷っているとも相談されました。しかし、それではせっかくのいいバランスが壊れてしまいます。僕は反対し、結局この六人でいくことになりました。

六人とも、『冗談画報』に出演した経験を持つ若い芸人です。ダウンタウンだけは関西で冠番組『4時ですよーだ』を持つほどの人気者でしたが、東京での知名度はまだまだ低く、僕の印象も、あくまで〝関西のアイドル芸人〟という程度でした。正直、当時はそれほどのカリスマ性を感じたわけでもありません。

この番組で、佐藤さんはプロデューサーに徹することを決めていました。問題は、現場の指揮を取るディレクターを誰に任せるか。

佐藤さんは悩んでいました。僕一人では到底番組を回せません。考え抜いた末、僕は星野を推薦しました。前年に『笑っていいとも!』での確執があったばかりですし、本音を言えば自分が中心になってやりたかった。しかし新しい番組を成功させるためには、実力のあるディレクターが必要です。結局、新番組は僕と星野淳一郎の二人で作ることになりました。

それが、『夢で逢えたら - A SWEET NIGHTMARE -』です。

『夢で逢えたら』というロマンチックなタイトルは、佐藤さんの思い入れから決まりました。一九六〇年代にNHKで放送されていた名バラエティ『夢であいましょう』を観て育った佐藤さんは、「ああいう番組を作りたい」と考えていたようです。『夢であいましょう』はショートコントに歌とダンスが挟まれる構成で、後のバラエティの原型となった番組。作家は永六輔さんでした。

そんなイメージを佐藤さんから聞いていた僕でしたが、まさか同じタイトルを付けるわけにはいきませんので、企画書に『夢で逢えたら（仮）』と書いて、編成に出しておいたのです。そうしたら、結局それに代わる案も出ず、新番組はそのまま『夢で逢えたら』というタイトルに決まりました。

放送開始は一九八八年の一〇月。時間は深夜帯、それも午前二時台という、かなり深い時間です。制作が決まった時の僕の気持ちは、「これでやっと自分も第一歩を踏み出せる」というものでした。専任ディレクターにはなっていたものの、ADではなく、ディレクターとして立ち上げから参加するのはこの番組が初めてだったからです。責任の重さはよく分かっていましたし、この番組に賭ける佐藤さんの強い思いも十分に理解していました。

それでもあまり不安を抱いていなかったのは、当時のフジテレビが最盛期にあったせいかもしれません。

バブル景気真っ只中のこの頃、フジテレビはゴールデンタイム（一九時～二二時）・プライムタイム（一九時～二三時）・全日（六時～二四時）の全てで視聴率トップを取る三冠王を続けていたのです。

例えて言えば、司馬遼太郎よろしく、理想としての「坂の上の雲」に向かってスキップしながら駆け上がっていくような気分。何をやっても面白いようにはまるので、どの社員にも、「自分たちに不可能はない。何でもできる可能性があるんだ」という、乗りに乗った気分が満ち溢れていました。

実は、同じ時期に僕は、かねてから希望していた『笑っていいとも！』のディレクターに就任しています。誰もが認める超メジャーな番組を担当する一方で、サブカルチャーの色合いが濃い実験的な番組にも関わることができる。ディレクターとしてこれほど幸せなことはありません。

担当する番組は他にもあり、この頃の僕は非常に忙しかったのですが、気持は常にポジティブでした。ＡＤだった一年前までは毎日鬱々と過ごしていたのに、信じられない変わりようです。

今なら何か大きなことができるかもしれない……期待を抱きながら、僕は『夢逢え』の制作にのめり込んでいきました。

## シュールではなく、ベタな笑いを

『夢逢え』の基本コンセプトは、スタジオコントを中心に音楽要素を盛り込んだバラエティショー。『夢であいましょう』をなぞっています。具体的な内容は、ショートコントと連続ドラマ仕立てのシチュエーションコント、そして六人が実際に歌を歌ったり楽器を演奏したりする音楽コーナーという構成です。

僕の担当は音楽コーナーとシチュエーションコント。音楽コーナーでは「ヤマタノオロチ合唱団」を考案し、毎回六人に課題曲を与えて無理矢理歌ってもらいました。清水ミチコと野沢直子はともかく、ウッチャンナンチャンとダウンタウンは音楽とは無縁でしたから、最初の頃はかなり苦労したと思います。

六人全員が登場するシチュエーションコントは、「バックステージの人々」というタイトル。音楽番組の楽屋を舞台に、それぞれ固有のキャラクターを演じてもらいました。このコーナーからは、松ちゃんが演じた演歌の大御所「松本幸太郎」のような人気キャラクターも誕生しています。


この頃、八〇年代後半に頭角を現してきたお笑いタレントは、一般的に「お笑い第三世代」と呼ばれています。中でもウッチャンナンチャンとダウンタウンは、その代表的な存在と言っていいでしょう。

お笑い第三世代の特徴は、日常的な設定の中から生まれるシュールな笑いです。理屈では納得できないオチや不条理な展開から引き出される、新しい感覚の笑い。僕がウッチャンナンチャンを初めて見た時の驚きも、そこにありました。

でも僕たちは、『夢逢え』をお笑い第三世代に対するアンチテーゼとして位置付けました。シュールであることを、あえて否定したのです。

シュールな笑いではなく、ベタな笑いでいく。視聴者の意表を突く形と言ってもいいでしょう。なぜそうしたのか。理由は、作り手の僕たちが『ひょうきん族』を経験していたからに他なりません。僕も星野も、『ひょうきん族』が何であるか、どこに強味があるのかを熟知していたからこそ、『夢逢え』ではベタな笑いを選択したのです。

実は、『ひょうきん族』はイギリスの代表的なコメディ『モンティ・パイソン』のパロディから始まっています。放送第一回目のオープニングを観るとよく分かるのですが、ワインをドボドボとこぼしても、誰も笑わない。笑わないまま唐突に番組が始まってしまうのです。オチがなく、誰からのフォローもない。投げっぱなしのシュールです。

けれど、シュールを理解できる視聴者は決して多くありません。面白さが伝わらなければ誰も笑えませんし、テレビバラエティにおいて面白さが伝わらないということは、価値がないことに等しいのです。それがお笑い番組の原理原則。作り手としては、そのことに早く気が付いた方が勝ちです。

『ひょうきん族』も最初の頃は迷いましたが、最終的にはベタな笑いに落ち着きました。短期間でシュールの無価値さを克服できたからこそ、あの番組は成功したのです。

『ひょうきん族』の場合、演者さん自身にも迷いがありましたから、ベタであることに自信を持てない時期がありました。演出家たちは彼らに、「大丈夫。ベタでいいんですよ」と背中を押してあげたのです。そう言われると演者さんも自信が付き、思い切ってベタを楽しむことができます。『ひょうきん族』は吉本興業の演者さんも多く、もともとベタな笑いが身に付いている人ばかりでしたので、ベタでいくと決まった後は、全てがうまく回転しました。

対して『夢逢え』はどうだったか。

ウッチャンナンチャンやダウンタウンのようなお笑い第三世代は、子供の頃にブームだった吉本新喜劇を観て育っています。吉本新喜劇では、舞台の上で演者さんたちが一斉にドーンとコケて笑いを取る。

しかし、お笑い第三世代にそれやらせても、大半はうまくいきません。観てはいるけれど、やってみるとなかなかできない。それももっともで、お笑い第三世代は笑いの方向が自分たちのオリジナリティを追求する方に向いているから、集団で同じ方向を向き、笑いの終着点を一致させることが、大いに苦手なのです。

でも、ウッチャンナンチャンとダウンタウンは違っていました。ベタをそのままの形で表現するのは難しくても、彼らはそこにひねりを加え、ベタを客体化して楽しむことができたのです。

例えば、台本にあるとおり全員がズル〜ッとコケた時、浜ちゃんはすかさず「お笑い第三世代はコケるの下手やからなあ」と切り返す。ベタをストレートに表現するのではなく、ベタを楽しむ自分を客観的に表現しているのです。そこにあるのは、ベタであると同時に、ベタから一段進化した高度な笑い。誰にもできることではありません。

お笑い第三世代があえてベタをやる――これこそが、『夢逢え』で追求した笑いの本質だったのです。

## 『夢逢え』はスタートではなく、ゴール

満を持してスタートした『夢逢え』でしたが、初回の視聴率はわずかに〇・六%。さすがに落胆しましたが、半年後にはなんと六%にまで伸びていました。僕たちの予想を越えたところで、番組のファンが大勢育っていたのです。

『夢逢え』が大きな転機を迎えたのはこの時でした。編成にいた小牧次郎の担当で土曜日二三時時半の枠が新設され、一九八九年三月に放送時間帯が移動することになったのです。スポンサーは松下電器産業（現・パナソニック）の一社提供。直前の二三時からの番組は圧倒的な人気を誇っていた、とんねるず――彼らもお笑い第三世代の兄貴分です――の『ねるとん紅鯨団』でした。この時間帯移動によって『夢逢え』はさらに多くの視聴者に支持されたのですか

ら、小牧次郎は番組の隠れたキーマンと言っていいでしょう。

放送時間が浅くなったことで、僕たちディレクターは、佐藤さんから「アート」という新たなテーマを与えられました。

アート？

音楽に加えアートの要素を盛り込んだコントバラエティとは、いったいどんなものなのか。自分流に解釈した僕たちは、セットや衣装、小道具など、番組を構成する要素全てに対して徹底的にこだわることにしたのです。

その象徴的な例がオープニング映像。わざわざアメリカからアートディレクターを招き、音楽にはサザンオールスターズを起用したのです。さすがにサザンは無謀かなと思いましたが、佐藤さんがサザンの所属事務所であるアミューズを説得してくれて、実現にこぎ着けました。

深夜のバラエティとしては前例のないアート感覚に溢れた豪華なオープニングと、それに続くどこまでもベタな笑い。視聴率はすごい勢いで上昇し、ついには二〇％を越えました。

時間帯を考えると、予想を遥かに超える好成績です。ただ、番組を作っている僕自身は、ほとんど視聴率を気にしていませんでした。他局の番組を意識したこともありません。放送枠を移動してからは制作費も潤沢にありましたから、とにかくやりたいことを次々と形にしていくだけ。番組内で夢が叶うので、周りを気にする必要がなかったのです。

結果的に『夢逢え』は、一九九一年の一一月まで約三年間続きました。

番組が終わった直接的な理由は、スペシャル番組として好評を得た『ダウンタウンのごっつええ感じ』が、一二月からレギュラー番組としてスタートしたからですが、本当の理由はそうではありません。演者の一人である野沢直子が同年の三月いっぱいで番組を降り、アメリカへ渡ってしまったからなのです。

『夢逢え』はウッチャンナンチャンとダウンタウンの印象が強い番組ですが、実際のキーマンはほかでもない、野沢直子です。彼女が離れた後、この二組は友達ではあるけれども、番組内で今までどおりの笑いを維持することができなくなりました。なぜなら野沢直子は、ウッチャンナンチャンとダウンタウンをつなぐ〝接着剤〟の役割を果たしていたからです。

清水ミチコはエンターテイナーではあるけれど、芸人ではありません。当時の彼女は素人的な持ち味が特徴で、周りの演者さんに活かされているという状況でした。そんな彼女に接着剤の役割を期待するのは、どう考えても無理な話です。野沢直子が離れる段階で、僕たちにも演者さんたちにも、『夢逢え』をこれ以上続けられないことは、はっきりと分かっていました。

熱心な固定ファンが付いていて、視聴率は十分に高い。スポンサーからも好評でしたから、

『夢逢え』の終焉は発展的解消と言うべきでしょう。マンネリ化してパワーを失った末に終わりを迎えた『ひょうきん族』とは、そこが大きく違います。

仮定の話ですが、この後に訪れる歴史のいたずらがなければ、ウッチャンナンチャンとダウンタウンの二組でゴールデンに昇格していたかもしれません。

ダウンタウンの松本人志は後に『夢逢え』を振り返り、「もうウッチャンナンチャンとはあれ以上のものはできない」と語っています。あの時代の自分たちにとって、『夢逢え』は最終地点、ゴールだったのだと。

当時番組を観ていた人からすれば、『夢逢え』は、後に大ブレイクするウッチャンナンチャン、ダウンタウンの「スタート」のように見えるでしょう。あまり知らない若手のお笑い芸人が出てきて、不思議なくらいベタなコントを見せてくれる初めての番組だったのですから。

でも演者さんにとってこの番組は、間違いなく「ゴール」でした。

彼らの姿は、甲子園を目指す高校球児に似ています。

全国の若手芸人の憧れの的だった『冗談画報』を舞台に勝利を重ね、『夢逢え』という、最終的な勝者だけに与えられる最高の舞台を手に入れた。だから若い世代に向けたコントバラエティとしては始まりだけど、演者さんの思いとしては、『夢逢え』は完全に終わりに位置する番組なのです。それを考えると、二〇一〇年現在『夢逢え』がいまだに再放送されず、ＤＶＤにもなっていない理由が分かっていただけるでしょう。

意欲に満ちた作り手が夢を実現し、演者はゴールで力を出し尽くした。そんな番組は計算して作れるものではありません。つまるところ『夢逢え』は、『オレたちひょうきん族』が消えた後の真空地帯を埋める、「神の配剤」だったのです。

## 主要番組解題②

文＝ラリー遠田

『夢で逢えたら-A SWEET NIGHTMARE-』
放映＝1988年10月～1991年11月
吉田正樹＝ディレクター

『夢で逢えたら』は、88年にスタートした伝説のコント番組である。出演者は、ダウンタウン、ウッチャンナンチャン、野沢直子、清水ミチコ。『冗談画報』に出演していた「お笑い第三世代」の中から厳選された6人の芸人が、絶妙なチームワークを見せていた。

開始当初、この番組は、深夜2時台に関東ローカルでひっそりと放送されていた。だが、若い世代の圧倒的な支持を受けて、半年で昇格が決まり、夜11時台の全国ネットに進出を果たしたのである。

与えられた枠は、土曜の11時30分。当時人気の絶頂にあった『ねるとん紅鯨団』の直後の時間帯で、枠としてはかなり恵まれていた。ここで新世代芸人を集めてコント番組を作るからには、失敗は許されない。

プロデューサーの佐藤義和が番組のテーマとして提唱したのは、「アート」だった。バラエティ番組だからといって、単に面白おかしく笑えればいいというものではない。番組自体に都会的でおしゃれなイメージがあり、それを見る若者が憧れを抱くようなものでなければいけない、と彼は考えたのだ。

そこで、制作スタッフは、番組のコンセプトを示すためのオープニング映像に徹底的にこだわった。テーマソングを歌うアーティストとしてサザンオールスターズを起用。それぞれの芸人を紹介する映像にも、ミュージックビデオ風のしゃれた演出が施されていた。番組のパッケージングを徹底的に洗練されたスタイリッシュなものにすることで、コンセプトを明確にしたのだ。

ただ、その一方で、肝心のコントの中身に関しては、オーソドックスでベタ、という真逆の方針を貫いていた。設定は非常にシンプルで、登場するのもわかりやすくて親しみやすいキャラクターばかりだった。

なぜ、当時の笑いの最先端を行く豪華なメンツを集めながら、あえてわかりやすい笑いを貫いていたのか？　恐らく、そうすることで、出演する芸人たちの新たな才能を引き出そうとしていたのだろう。

当時、ダウンタウン、ウンナンを含む「お笑い第三世代」の若手芸人たちは、お笑いファンや業界人からは、色眼鏡で見られている部分があった。ダウンタウンの漫才やコントは、突き抜けた発想とファンタジックな設定が特徴的で、「シュール」などと言われることも多かった。また、ウンナンのネタもこの頃には「都会派ショートコント」などと呼ばれていた。

だが、彼らの芸には、そのような一面的なレッテル貼りには収まらないスケールの大きさがあった。彼らが才能を出し切っていないからこそ、部分的な特徴をとらえて認識されるという状況があったのだ。

『夢逢え』のスタッフの使命は、彼らをテレビで通用する一人前のお笑いタレントにすることだった。その壮大な目的のためにも、あえて王道の笑いを貫いて、そのノウハウを彼らに身につけさせようとしていたのだ。

例えば、ダウンタウンの2人は、この番組で必ずしも自分たちのやりたい種類の笑いを表現できていたわけではなかった。後の『ごっつええ感じ』などで披露されるコントに比べれば、『夢逢え』のコントにおけるダウンタウンのカラーはかなり薄かった。初期の段階では、それが肌に合わず苦戦していたのは間違いない。

ただ、それでも、彼らがこの番組に出演したことには大きな意味があった。彼らはここで、全国ネットで通用するコント番組の作り方を学んだのだ。実際、この後で始まったダウンタウンの冠番組『ごっつええ感じ』も、初期の段階ではかなり『夢逢え』のテイストを残していた。

この番組に出ていた6人の芸人は、それぞれが個々に高い技術とネタ作りのセンスを持ち、単体でも十分テレビで通用するだけの力を備えていた。ただ、彼らは、共演することで互いに刺激し合い、助け合い、結束力を増して、ますますその芸に磨きをかけていったのである。

ここでキーマンとなったのは、浜田雅功だろう。浜田が、アクの強いキャラクターを前面に押し出して、他のメンバーに積極的に絡んでツッコミをいれていったことで、「浜田VS他の5人」という関係性が生まれ、それぞれがアドリブで自由にボケ合戦をする構図ができた。それによって一体感が生まれ、和気あいあいとした雰囲気ができていったのだ。

満を持して夜11時台に進出した『夢逢え』は、早い段階から高視聴率をマーク。彼らの名前はここで一気に世間に広まっていった。89年10月には、一時代を築いた『ひょうきん族』がついに終了。『夢逢え』は高い人気を維持して、このあたりから、お笑い界の世代交代が少しずつ現実のものとなっていった。

第三章

# 立たされたバッターボックス

## 『誰かがやらねば』ならなかった

八〇年代末、木曜日の午後九時から一〇時。この時間帯、フジテレビは『とんねるずのみなさんのおかげです』を放送し、安定して高い視聴率を獲得していました。僕が星野と共に、『夢で逢えたら』に全力投球していた頃です。ウッチャンナンチャンは人気が急上昇し、社内ではスペシャル枠で彼らの二時間バラエティを作るという企画が進んでいました。そんな最中、僕と星野はプロデューサーの佐藤さんから、思いがけない話を切り出されたのです。

「とんねるずが日本テレビの連続ドラマに出ることになったので、半年間限定で『みなさんのおかげです』を休むことになった。ついては、その枠を埋める番組を二人で作ってほしい。それも、ウッチャンナンチャンがメインで」

笑いを始めてまだ五年に満たない若手コンビに、半年間（一九九〇年の四月から九月まで）の期限付きながら、ゴールデンタイムを任せるというのです。普通に考えれば、演者さんにとっても僕たちディレクターにとっても、降って湧いたような幸運と言うべきでしょう。

でも、冷静に考えるとずいぶん失礼な話です。人気タレントの穴埋めに作る番組で、半年間の期限付き――。一〇月には枠をとんねるずに返さなければなりません。

そもそも『夢逢え』がうまく行っているのに、それを壊すことになりはしないか？ 六人の絶妙なバランスで成り立っている番組なのに、ウッチャンナンチャンだけが先にゴールデンでレギュラーを持ったら、残りのメンバーはどう思うだろう？ 僕は、特にダウンタウンに与える影響を心配していました。

悩んでいたのは星野も同じだったはずです。彼はかねてから、『夢逢え』を六人のユニットごとゴールデンに持っていきたいと考えていました。確かに、それができれば理想かもしれません。二人で作っている番組ですから、『夢逢え』の形を守りたいという気持ちは痛いほどよく分かります。しかし、僕には別の思いもありました。

僕たちは番組の作り手であると同時に、フジテレビの社員でもあります。今、その会社が「超人気番組の休止」という窮地に陥り、考えた末に僕たちの手を借りたいと言ってきた。誰かがこのぽっかり空いた枠を埋めなければならないけれど、誰にでも任せられる枠ではない。視聴率も落としたくない。ならば、冒険にはなるが、今最も勢いのあるタレントとディレクターに賭けてみよう。僕たちに話が来たのは、こういう事情からだったと思います。

「立たされたバッターボックス」――僕の頭にそんなフレーズが思い浮かびました。そして一旦バッターボックスに立ったら、三振では帰れない。でも、これは押し付けられた仕事ではありません。実力があり、波に乗っているからこそ、僕たちが選ばれた。誰もやらず孤独にやるはめになった『1億人のテレビ夢列島』とは、そこが大きく違いました。

僕はこの話に宿命のようなものを感じていました。『ひょうきん族』が終わった今、僕たち若手のディレクターに与えられた使命は、ポスト『ひょうきん族』を作ること。この番組は間違いなくその絶好のチャンスになるだろう。そんな思いがあったのです。

ユニットごとゴールデンに上げたいと考える星野と、フジテレビを救うことを優先したい僕。二人の間の「やる」「やらない」問題は、なかなか結論が出ませんでした。

では、肝心のウッチャンナンチャンはどうだったのか。

最初、二人の意見は割れていました。ウッチャンは冒険家ですから、「やりたい」と言います。反対にナンチャンは慎重派ですから、なかなか首を縦に振りません。決め手になったのは、やはりウッチャンの熱意でした。彼は自分の「夢」を実現したいという気持ちが人一倍強い人間です。〝お笑い餓鬼道〟というものを、迷うことなく突き進んでいく男。彼の熱意に、迷っていた僕らもついに心を決めました。

「誰かがやらねばならないなら、僕たちがやってやろう！」

## 選ばなければ、何者にもなれない

やるとは決めたものの、その頃の僕はかなり仕事が詰まっており、新番組の制作にあてる時間が取れるかどうか、非常に心許ない状況でした。ディレクターを務めるレギュラー番組は、『笑っていいとも！』『夢逢え』に加え、『テレビくん、どうも』の後番組である『女はダバダ…』の三本もあります。これからやろうとしているのは、ウッチャンナンチャンのコントやパロディドラマを中心としたバラエティ番組。当然、素材は全てスタジオ収録です。

時間がタイトな中、それらを毎週、完璧な一時間番組に仕上げていくのは極めて難しい。ウッチャンナンチャンのコントやドラマを一本ずつ作り込むことができても、つなぎの部分に十分な時間をかける余裕がなかったのです。悩んだ末に僕たちが出した結論は、「スタジオ収録した素材を観ながら、生放送でトークする」という形でした。これならきっとウッチャンナンチャンも納得してくれる。そう思っていたのです。

二人と話をしたのは麻布十番のバー。星野と僕が「生放送でやりたい」と伝えると、慎重派のナンチャンは、意外にもその場で賛成してくれました。不安を感じてはいたでしょうが、生放送の緊張感が自分たちにはプラスに働く、と思ってくれたようです。

問題はウッチャンでした。彼は僕たちの話を聞いた途端、コントも含めて全部生放送だと早合点したらしく、顔色を変えて怒り出したのです。

「生放送なら、僕はやりません！」

慌てて説明しようとしましたが、時既に遅し。蹴るようにして席を立ち、彼はその場から去ってしまったのです。僕たちは呆然とするしかありませんでした。

ウッチャンには、「生放送＝作り込みの甘いゆるい番組」という先入観があったのでしょう。ファンの方ならよく御存知でしょうが、もともとウッチャンは映画を作りたいと思って熊本から東京に出てきた人です。コメディをやるにしても、テレビ的なコメディではなく、映画的なコメディを志向していました。

「映画的な」というのは、繰り返し観るに値するもの、能動的に選んで観るもの、という意味です。九州の田舎で育ったウッチャンにとって、映画は特別な存在だったのです。

元来テレビとは、勝手に流れてくるもの、自分では選ばないものですが、映画的なコメディを目指しているウッチャンは、コントを徹底的に作り込みます。わずか数分のコントでも、彼はそこに作品性を持たせようとするのです。生放送でそんなコントはできませんから、勘違いした彼が怒るのも無理はありません。


今でもそうですが、この頃のウッチャンは自分の夢に対して驚くほどピュアでした。番組が当たるかどうかなんて分かりません。視聴率を取るとか、ギャラが上がるとか、そんなことは一切考えていなかったはずです。この番組で、自分の夢である映画的なコメディをやってみたい……彼にあったのは、おそらくその気持ちだけ。そして「やる」と言った以上、自分がリードする気でいたはずです。だからその夢が叶わないかもしれない、夢と乖離するかもしれないと思った時、彼は激しく動揺した。それは強い責任感の裏返しでもあります。

僕から見たウッチャンは、〝主体的に選んだ人生を歩む人〟です。選ばなければ何者にもなれない。飛び込まなければ何も手に入らない。だから、じっと待っているようなことはしない。そして彼は、夢を叶えるためにこの番組を選びました。僕と星野にとっては、上から言われて立たされたバッターボックスだったけれど、ウッチャンにとっては、自ら進んで立ったバッターボックスだったのです。

僕はウッチャンを説得し、席に座り直してもらいました。彼の疑問はただひとつ、「俺たちの夢は叶えられるのか？」。僕は彼に言いました。

「当たり前じゃないか」

悩んだ末に、ウッチャンは「やります」と言ってくれました。決定した新番組のタイトルは、『ウッチャンナンチャンの誰かがやらねば！』。シャレではあったけど、これはもう意地でした。冗談ではなく、ウッチャンナンチャン、僕、星野の四人は、真剣にそう思っていたのです。

## あの頃僕らはバカだった

全てがうまく回っている時、人間は自分の力を過信してしまうものです。自分の能力は無限にある。だから一見無理に思えることでも、やればきっとできるはずだ、と。

『誰やら』制作当時の僕たちがそうでした。一週間のうち、四日はスタジオ撮りかロケに出ています。僕と星野は二班に分かれ、朝から晩まで休みなく仕事に打ち込みました。二人ともそれぞれ別に担当番組を持っていましたから、『誰やら』の収録が徹夜になって、そのまま次の番組へ出かけたこともよくあります。

僕の班には、まだ二〇代の若いスタッフが二人、ADとして新しく加わりました。ひとりが片岡飛鳥。僕より五歳年下で、後年、『めちゃ×2イケてるッ!』を成功させる男です。末期の『ひょうきん族』でADを務めていて、僕は彼の手腕を高く評価していました。

もうひとりが栗原美和子。後に『ピュア』や『人にやさしく』などのドラマプロデューサーとして名を上げる彼女ですが、『ひょうきん族』や『笑っていいとも!』のAD経験者でした。ふたりが戦力になるかどうか分かりませんでしたが、吉田班はこの三人で始めることになったのです。

ほとんどこもりっぱなしのスタジオから、僕たちは様々なキャラクターやヒットコーナーを生み出しました。ウッチャンの当たり役になった「ウッチー・チェン」や「テルース・リー」。コーナードラマ「トラブルコップ」から生まれた「原始ギャル」(ナンチャン)や、毎週殉死する影の薄い刑事「命影郎《いのちかげろう》」（ウッチャン）。変装したナンチャンを見つける「ナンチャンを探せ！」も視聴者の間で大きな話題になりました。

今『誰やら』を観直すと、当時の僕たちがいかにバカだったかがよく分かります。自分たちのやりたいことしか頭になく、視聴者が観てどう思うかという視点が完全に欠けている。ジャッキー・チェンや『3年B組金八先生』など、映画スターやテレビドラマへのリスペクトが前に出すぎていて、念入りに作ったコントやドラマがある種の模倣で終わっているのです。模倣を一歩進め、そこから新しい何かを作り出すところまでいっていない。ウッチャンナンチャンだけじゃありません。スタッフの僕たちも含めた全員がそうでした。

映画、テレビドラマ、舞台――。自分がこれまでに吸収し、いつか形にしてみたいと思い続けてきたものが、あの時は沢山ありました。僕たちは『誰やら』でその機会を与えられたのです。あまりに嬉しかったので、以前からやりたいと思っていたことを一気に全部やってみた。力を尽くして。寝る時間も惜しんで。でも結果は、いろんな具材が載った丼を勢いよくひっくり返しただけだった……。

結局、「意余って力足らず」ということだったのでしょう。模倣から抜け出ることはできませんでした。だけど、若くて力に溢れていたためか、模倣の対象になったオリジナルとはまた違った強烈な個性を形にすることはできました。当時のがむしゃらなエネルギーは、今も多くのファンが懐かしがってくれるキャクターを生み出しましたが、それが当時の僕たちの限界でもあったのです。

それにしても、なぜあんなに突っ走ることができたのか。今でも不思議に思います。映画やドラマに当てはめれば、毎週クランクアップがあるようなもの。毎回、泣くような思いでスタジオ入りするのに、収録が始まると楽しくて楽しくて仕方がなかったのです。視聴率も、まったく気にしていなかった。それは他のスタッフもウッチャンナンチャンも同じだったと思います。

僕の個人史の中で、『誰やら』はキラキラと輝く青春の一ページのような存在です。無謀で、危なっかしくて、周囲からはちょっと呆れた目で見られていたけれど、僕はこの半年間で完全燃焼できました。無理矢理立たされたバッターボックスを実は楽しんでいましたし、結果的には三振せず、外野に飛ぶくらいのヒットは打てたと思っています。

自分が楽しんで作って、大きな成果を残せた最初の番組。その意味で『誰やら』は、間違いなく僕の人生を変えた、大切な作品なのです。

## 盟友・星野との訣別

とんねるずがフジテレビに戻ってくるのは一九九〇年の一〇月。秋になる前に、僕たちは編成の小牧次郎から『誰やら』の後継番組をやらないかと誘われました。番組が高視聴率を上げていたため、そのまま終わらせるのは惜しいという会社の判断だったのでしょう。

驚いたのは放送枠の提案です。小牧が出してきたのは、土曜日の夜八時、通称「土八《どはち》」。かつて栄華を誇っていた『8時だョ!全員集合』を新興の『オレたちひょうきん族』が追い落とし、その『ひょうきん族』を『加トちゃんケンちゃんごきげんテレビ』が蹴落とした、怪物番組が覇権を争う激戦の時間帯です。

いくらなんでもそれは……。話を聞いた時、僕はずいぶん悩み狂いました。『誰やら』は半年間限定だったからできたけれど、土八の枠で僕たちがコントバラエティを継続して作ることができるのか。そもそもプロデューサーの佐藤さんはどう思っているのか。

ディレクターとして独り立ちして以降、僕は主に佐藤さんと仕事をしてきました。もちろん、その上には横澤さんがいたのですが、一九八七年に編成局ゼネラルプロデューサーへと昇格してからはレコード会社の社長も兼任するようになり、現場を離れていたのです。

佐藤さんに対しては、正直、複雑な思いがあります。『誰やら』を始める時、佐藤さんはウッチャンナンチャンを強力に推して、ダウンタウンを外しました。東京ではウッチャンナンチャンの方が人気がありましたから、僕もその判断は間違っていなかったと思います。

ところが、再び大きな決断を迫られているこの時に、佐藤さんは判断停止状態に陥ってしまったのです。僕たちの意見を聞くばかりで、自分では何も決めようとしません。これはもう自分と星野、そしてウッチャンナンチャンで決めるしかない。そう思って、僕たちは何度も話し合いを続けました。

ここで僕と星野は、再び真っ二つに分かれたのです。星野の意見は明解でした。

「もともと半年という約束なのだから、自分たちのホームである『夢逢え』に戻るべきだ」

一方の僕は、その意見に同意しながらも、「それでいいのか?」と何度も自問を繰り返しました。

ひとつには、ディレクターとしての欲があったのです。『ひょうきん族』で育った自分が経験を積み、視聴率二〇％を越える王者、『加トケン』に挑戦する。端から見てもワクワクするようなストーリーです。もちろん呆気なく討ち死にする可能性もあるのですが、この時は勝つことしか想像していませんでした。

もうひとつの理由は、小牧次郎に対する友情です。僕が入社した頃、フジテレビのお笑いのバラエティは、「制作・横澤彪×編成・村上光一」という、強力なパートナーシップから生み出されていましたが、僕は小牧に対してこの理想的な関係性を重ね合わせていたのかもしれません。

かつて小牧は僕に、「お前がやるならこの企画を具体化したい」と言って、『夢逢え』を推進してくれました。その小牧がこう言うのです。

「俺は会社を代表して、お前にやってほしいと思っている」

僕の心は、激しく揺れ動きました。小牧は今こそフジテレビのバラエティを変える時だという、強い意志を持っています。そして、その大仕事を僕に託そうとしている。『誰やら』をやれと言われた時も迷いましたが、小牧の提案はそれ以上に僕を悩ませました。

僕の気持ちは引き受ける方向に傾いていましたが、星野はなかなか同意してくれません。この頃も、ディレクターとしての実力は星野の方が圧倒的に上でした。しかし僕も経験を積み、『夢逢え』からは二人で協力して一つの番組を作ってきた仲です。僕は『笑っていいとも！』時代の確執を忘れて彼と付き合ってきましたし、星野も対等なパートナーとして僕を見てくれていました。

「俺たちは分かり合っている。ほかの連中にこんな面白い番組は作れない」。僕たちは酒を飲む度に、お互いを称え合っていました。どこまでも自信たっぷりで傲慢な、二人のディレクター。もはや盟友と言っていいでしょう。周りから「あいつらデキてるんじゃないの？」と変な噂を立てられるほど、僕らは一緒にいる時間が長かったのです。ところが……。

ある時、間接的にですが、星野の本音が僕の耳に入ってきました。

「俺がいなかったらあいつはできないでしょ。でも、俺はやらないよ」

さすがの僕も、このセリフにはキレました。俺がいなかったらできない？　そうか。だったらやってやろうじゃないか。お前がいなくても、めちゃくちゃ面白い番組を作ってやるよ！

仲が良かっただけに、憎悪の感情も人並み以上です。『夢逢え』を成功させ、『誰やら』で会社の窮地を救った吉田正樹と星野淳一郎は、ついにここで訣別したのです。

経緯はどうあれ、星野が外れたことをウッチャンナンチャンに伝えなくてはなりません。場所は青山三丁目、深夜のとあるバー。心配した小牧は隣の店で待機しています。不安げな二人を前に、僕は話を切り出しました。

「こういう事情で、星野はやらないと言っている。君たちはどうする？ 僕一人でもやるつもりはあるか？」

僕に確たる自信はありませんでした。なんと言っても、星野の存在は無視できないほど大きいのだから。ところがウッチャンは、沈黙ののち「やります！」と言ってくれたのです。でも、彼は僕とやりたいからウンと言ったのではありません。それは彼自身の願望から出た返事でした。自分が信じて突き進む〝お笑い餓鬼道〟がその先にあるから、彼はウンと言ったのです。

そんなウッチャンとは対照的にナンチャンはやはり慎重でしたが、彼もまたイバラの道を歩む決心をしてくれました。もしこの時、二人が「星野さんがいなかったらできない。星野さんと吉田さんだったらやる」と言っていたら、話はそこで終わっていたはずです。ただでさえ困難が予想される土八のレギュラーなのに、頼りにしていた星野はもういません。上り調子の芸人とは言え、土八で失敗したら、芸能界に居場所をなくしてしまう可能性もあるわけです。それでも彼らは「やる」と言ってくれた。

これは運命なんだ。僕や小牧やウッチャンナンチャンではなく、時代が僕たちにこの番組を作らせようとしているのだ。そう思った時、僕は一人でもこの番組を背負っていく決心をしました。

パートナーは片岡飛鳥と栗原美和子。土八という枠に対して実力不足は否めませんが、少しでも戦力を補いたいという目論見から、僕は飛鳥をディレクターに昇格させることにしました。また栗原は、自ら進んでAP（アシスタント・プロデューサー）をやりたいと言ってくれました。当時、プロデューサーを実務面でサポートするAPというポジションはありませんでしたので、栗原が最初です。

下北沢のバーへ向かうタクシーの中で、僕は飛鳥にこう尋ねました。

「お前をディレクターにして二人でやっていきたいけど、やってくれるか？」

飛鳥と心中するくらいの覚悟でいましたから、僕の口調は真剣そのもの。そんな重い気持ちに反して、飛鳥はなんともお気楽なひと言を返してくれました。

「いっすよー」
脱力しながら、僕はタクシーのシートに身を埋めました。本当に、こいつで大丈夫だろうか……。

## お笑い少林寺、「土八」に挑む

新番組は『誰やら』が終了してすぐ、一九九〇年の一〇月からスタートしました。タイトルは『ウッチャンナンチャンのやるならやらねば！』。『誰やら』とは異なり、こちらは全てをスタジオ収録するコント中心のバラエティです。制作上の物理的な困難は予想していましたが、最初に僕が直面したのは、意外にも、社内に漂う冷ややかな空気でした。

当時のフジテレビは、一九八二年から視聴率三冠王を連続している最中。世間はバブル崩壊の直後でしたが、そんなことは関係ない勢いで、次々とヒット番組を送り出していたのです。『志村けんのだいじょうぶだぁ』『邦ちゃんのやまだかつてないテレビ』『とんねるずのみなさんのおかげです』など、バラエティにも強力なラインナップを取り揃えていましたが、ただひとつ、土八だけが『ひょうきん族』以降目立った番組がなく、迷走を続けていたのです。

そんな状況下で番組を任されたのが、三〇歳になったばかりの僕と、まだまだ経験の浅い片岡飛鳥。土八は勝負を賭けた〝お笑いの少林寺〟のようなものですから、どのテレビ局も制作スタッフには精鋭を揃えます。周囲からは「もっと力のある連中を使うべきだ」という、声にならない声が聞こえてきました。中には「頑張ってるなあ」と応援してくれる人もいましたが、それはごくわずか。ほとんどの人は批判的な目で僕たちを見ていたのです。

一番きつい言い方をしたのは、ひょうきんディレクターズの面々でした。彼らはまだ四〇代でしたから、ディレクターとしてはまだまだ現役。土八の新番組は自分たちがやるべきだという自負もあったのでしょう。もともと後輩を育てていないわけですから、年の離れた僕であっても、彼らはライバル視するわけです。

彼らからはずいぶんひどいことを言われましたが、僕は相手にしませんでした。自分が中心となってやると決めた以上、周囲の雑音を気にしても仕方がありません。吉田正樹を選んで良かったか悪かったかは、結果で判断してもらおう。そう考えたのです。

僕は他の番組を全て外してもらい、『やるやら』に全神経を集中しました。コーナードラマやテレビドラマのパロディを何本も作るので、毎回、斬新なアイデアを山ほどひねり出さなければなりません。セットにもお金をかけたので、準備にも収録にも今までにないほど時間がかかりました。

辛かったのは最初の三ヵ月。まだ飛鳥に任せっきりにはできませんから、最初は一時間番組を全て自分一人で撮りました。ゴールデンの一時間番組を、作り物を全部用意し、全部一人で演出するのです。いくら苛酷なバラエティでも、ここまで厳しい現場は滅多にありません。番組は一本だけなのに、休む暇がないのです。この三ヵ月で、僕は一生分の命を使い果たした気がしました。

社内の誰も応援してくれない。現場では休む間もなく働いて、全員がふらふらになっている。そんな状況で唯一の救いだったのは、毎週発表される視聴率でした。比べる相手は、もちろんTBSの『加トケン』。『やるやら』は最初から思いのほか数字が高く、僅差で『加トケン』を追いかける形が続きました。週を追うごとに縮まる数字。そして一二月、ついに王者を抜き去ったのです！

その後は『加トケン』にどんどん差をつけていきました。やがて飛鳥も力をつけ、単独で面白いものを撮れるようになったのです。さらにADをスカウトするなどして、徐々にスタッフを増やしていきました。

制作のリズムが掴めてくると、内容はどんどんヒートアップしていきます。『やるやら』では、「満腹太《まんぷくふとる》」「九州男児」「ドンナトキモ槇原」（以上ウッチャン）、「殺し屋レーベン」「南原パンツ郎」（以上ナンチャン）など、数々の人気キャラクターが誕生しました。

とにかく呆れるほどセットに凝りましたが、ひとつ忘れられないエピソードがあります。映画『スター・ウォーズ』のパロディをやった時のこと。セット、戦闘員のコスチュームなどを完璧に作り上げたばかりか、ライトセーバーに至っては、あの光を再現するために、一コマ一コマ、後から色を塗ったのです。今なら簡単にデジタルで処理できますが、この時にそんな技術はありませんでした。

すると、この映像を観た全米監督協会から、なんとチェックが入ったのです。『やるやら』は在米日本人向けにアメリカでも放送していたので、目に触れたのでしょう。曰く「これはやり過ぎだ。パロディの域を超えてコピーになっている！」。僕たちはむしろ溜飲を下げました。ジョージ・ルーカスのスタジオが何年もかけて作ったものを、僕たちはわずか二日徹夜しただけで作ってしまったのですから。実に痛快でした。

『やるやら』は予算もあるし、マンパワーも十分。視聴率も高い数字で安定するようになりました。ところが番組が進むにつれて、別の重要な問題が表面化してきました。企画やコントのネタが枯渇してきたのです。

もちろんウッチャンナンチャンもネタを考えるのですが、基本的には僕たちディレクターやAD、構成を担当する作家さんたちがアイデアを出します。二年くらい経過したところで、ほぼアイデアが出尽くしました。今思い出しても、この頃の企画会議は本当に辛かった。大勢のスタッフが長時間顔を突き合わせているのに、面白いネタは何も出てきません。三年目からは、企画がどうしても過去のものの自己模倣になりがちでした。もしかすると、星野が反対した理由もそこにあったのかもしれません。

正直に書きましょう。実はこの頃、僕と飛鳥はウッチャンナンチャン、特にウッチャンに物足りなさを感じていました。

彼は間違いなくコントの天才ですが、企画やゲームをどんどん出してくるというタイプではありません。どちらかと言えば受け身の姿勢で、職人的にコントの演者の役割を全うする。だから、周りの僕たちが積極的に企画を提案する必要がありました。企画を積極的にプロデュースし、時代の要請に応じて番組を自ら作り変えていくとんねるずのような芸人とは対極にあるスタンス、とも言えるでしょう。

頭の中が干からびていたこの頃、僕は飛鳥と顔を合わせては、「とんねるずだったらどうしただろう」と愚痴ったものです。もちろん比較するような話ではないのですが、それだけ僕たちは追い詰められていたということです。

## ダウンタウンよ、これだけは分かってくれ

『夢逢え』がそろそろ終わりを迎える一九九一年の秋、ダウンタウンにレギュラー番組の話が持ち上がりました。その年のお正月に放送した特番の『ダウンタウンのごっつええ感じ マジでマジでアカンめっちゃ腹痛い』が好評で、そのタイトルのままゴールデンで勝負することになったのです。

これを作ることができるのは、誰がどう考えても星野淳一郎しかいません。実際、特番の演出も星野が担当したのです。これにはウッチャンも友情出演しています。ダウンタウンと星野は『冗談画報』時代からの付き合いなので、気心が知れている間柄。揃ってゴールデンへ行けるのですから、反対する理由はないはずです。

ところが、ここでも星野はノーの一点張りだったのです。『夢逢え』からユニットごとゴールデンへ行くことに固執していたためか、あるいは別の問題があったのか（当時の星野は会社

を離れ、フリーの立場で仕事をしていました）。理由は定かではありません。

困ったのはプロデューサーの佐藤さんです。編成には勝手にＯＫを出していましたが、肝心の星野がウンと言わなければ、企画が前に進みません。とうとう佐藤さんは白旗を揚げて、僕に「お前が星野を説得してくれ」と言ってきたのです。

ダウンタウンに対して、僕はある種、負い目のような感情を抱いていました。『誰やら』では彼らを差し置いてウッチャンナンチャンを使うことになりましたし、星野が断った『やるやら』を引き受けたことで、僕は完全にウッチャンナンチャン派だと見られていたのです。二組を天秤にけたつもりは一切なかったのですが、その気持ちは松本・浜田に伝わっていないようでした。

できることなら、これを機会にダウンタウンにもゴールデンでレギュラー番組を持ってもらいたい。そう考えた僕は、佐藤さんに言われたとおり、星野を説得することにしました。『やるやら』スタート時に訣別した仲ですから、できればこういう形で顔を合わせたくなかったのですが、仕方がありません。なんとか説得を試みましたが、星野の返事はにべもないものでした。

「嫌だ。なぜ佐藤さんの体面のために、俺が動かなければならないのか」

僕と同じように、星野もまた佐藤さんの勝手なやり方に腹を立てていたのです。僕はその時、少々思い上がっていたのかもしれません。でも星野にきっぱりと断られた時、心のどこかでこう思ったのです。「自分がダウンタウンの番組を作りたい」と。彼らに対する負い目があったからなのか、それとも『やるやら』を成功させた自信がそう思わせたのか。自分でもよく分からないのですが。

『ごっつええ感じ』のスタートが迫ってきました。僕は佐藤さんに「今度星野に断られたら僕が演出します」と宣言し、ウッチャンナンチャンに尋ねました。「三ヵ月『やるやら』を休んで、『ごっつ』が軌道に乗るまで向こうに行ってもいいか?」と。有り難いことに、彼らの返事はOKでした。また、飛鳥も気持ちよく了承してくれました。実を言うと、この時僕はダウンタウンに一生尽くそうと思っていたのです。そのくらい、覚悟を決めていました。

その覚悟を持って、最後の説得として星野に会いに行きました。すると、彼はついに重い腰を上げたのです。

「お前がそこまで言うのなら……自分がやるよ」

僕が待っていた言葉です。自分でやりたい気持ちももちろんありましたが、結局はこれで良かったのだと思い直しました。おそらく星野は、佐藤さんではなく、僕から「お前しかいないんだよ」と言ってほしかったのでしょう。訣別したとは言え、AD時代からの仲間意識はそう簡単に消えるものではありません。

星野を説得した後、僕はプロデューサーとして『ごっつ』に関わるつもりでした。ヒットさせた『やるやら』を外れる覚悟で星野を説得するほど腹を決めていたし、ダウンタウンと一緒に仕事をしたかったのです。

ところが、佐藤さんは僕を『ごっつ』のスタッフには加えませんでした。プロデューサーは自分でやるから、吉田は『やるやら』に専念してくれと言うわけです。体よく外された？　それとも会社のことを考えた正しい判断？　それは今も分かりません。ただ、自分はいつまでこの人に振り回されているんだろうという、虚しい思いだけが残りました。

この時、ダウンタウンと一緒に番組を作れなかったことは、今も僕の心の中で澱のように残っています。彼らにだけは分かってほしかった。僕がそこまで君たちのことを愛していたということを。ウッチャンナンチャンと同じように、君たちも大切な仲間なんだということを。

## テレビマンはみな孤独

会社から依頼されて急遽作ることになった『誰やら』を成功させ、そこから派生した『やるやら』を短期間で土八の勝者に押し上げた。この時期の僕は、バラエティの作り手として楽しい時期にあったと言っていいでしょう。ほとんど休みなく働いていたし、身も心もクタクタでしたが、その激流の中にあって、自分は大きな仕事をやっているという、確かな充実感がありました。

でもその一方で、ある寂しさを感じていたことも事実です。

番組はヒットしているし、視聴率もいい数字が出ている。それなのに、なぜか心は孤独なのです。どこかに不安な気持ちが残っていて、いつも自分の仕事の意味を探し求めている。傍にいる人に、「いい番組を作ったね。面白かったよ」と、言葉に出して褒めてほしいと思っている——。

この孤独感はどこから来るのか。激流の渦中にいた当時は、その理由がよく分かりませんでした。先の章で、八〇年代初頭に鹿内春雄さんが副社長としてフジテレビにやって来て、現場で働く僕たちに自信を持たせてくれたことを書きました。春雄さんにインスパイアされた僕は、こう思っていたのです。

「これでいいんだ。テレビは映画とは違う。番組は後世に残らなくてもいいんだ」と。

僕は意地を張っていたのかもしれません。本当は心のどこかでテレビの空虚さに気がついていたはずなのに、一瞬の輝きにこそ価値があると、無理矢理思い込もうとしていたのです。文学や音楽といった芸術なら、百年前の作品が後世のクリエイターに影響を与え、創作意欲を掻き立てるということがよくあります。だけど、それがテレビの世界で成り立つのか。バラエティ番組が、ずっと後の世代に評価されることがあり得るのか。自分は結局、空虚なものを追い求めているだけではないのか。

当時、僕が感じていた寂しさの理由は、そこにあったのです。でも、これは年月を経たからこそ分かること。当時はなぜ自分がモヤモヤしているのか、まったく分かりませんでした。自分の「敵」が分からない。何が不満なのか分からない。何を求めているのかも分からない。明らかにテレビというメディアは天下を取っているのに、僕の心はあまりにも空虚だったのです。

テレビ番組を評価する基準は、昔も今も視聴率しかありません。でも数字は数字。そこから視聴者の感情を読み取ることは不可能です。だから僕たちテレビマンは、視聴者から直接「観ました。面白かったです!」と言われると、心底、嬉しい。自分が作った番組がＤＶＤになり、それを観た人が「吉田さんはこんなに面白い番組を作っていたんですね」と言ってくれたら、それはこの上ない幸せ。何も言うことはありません。

でも、当時はＤＶＤなんてなかったし、バラエティ番組なんてろくにビデオ化もされていなかった。放送されたら終わり。だから不安でたまらなくて、愛に飢えていた。

これがテレビの危うさであり、脆弱さ。ディレクターやプロデューサーは、本質的には孤独で寂しい存在なのです。時代が下っても同じ。『はねるのトびら』の近藤真広プロデューサーも、『爆笑レッドカーペット』の藪木健太郎プロデューサーも、ヒットを連発しているけれど、おそらく同じような不安を抱えていることでしょう。

## 主要番組解題③

文＝ラリー遠田

『ウッチャンナンチャンの誰かがやらねば！』
放映＝1990年4月〜1990年9月
吉田正樹＝ディレクター

90年、ドラマ収録の時間を作るために、とんねるずが毎週木曜夜9時から放映していた『とんねるずのみなさんのおかげです』を半年間休止することになった。そこで、空いた枠を埋めるために声がかかったのが、ウッチャンナンチャンの2人だった。

これは、当時の彼らの立場を考えれば、異例の大抜擢とも言えるものだった。すでに全国区で人気を不動のものにしていたとんねるずと比べると、ウンナンは、『笑いの殿堂』『夢で逢えたら』で少しずつ若い世代に認知されるようになっていたとは言え、まだまだかなり格下のイメージがあったのだ。

この大抜擢に対して、当初は2人とも反発していたが、スタッフの強い説得もあって、結局彼らはこの仕事を引き受けることにした。そして、この番組こそが、ウンナンのお笑いタレントとしての出世作となったのだ。

スタジオからの生放送で、アパートの一室という設定。ウンナンがそこの住人やゲストと共にコントやロケのVTRを見て語り合うという形式の番組だった。

出川哲朗、入江雅人ら、劇団SHA・LA・LAのメンバーが脇を固めて、若さあふれる20代のウンナンが持てる力の全てを注いでコント作りに尽力した。彼らは、企画会議にも顔を出して、ほぼ毎日のようにフジテレビに通い詰めた。

コメディアンとして見た場合、ウンナンの2人は対照的な芸風を持っている。内村は、外見、しゃべり方、性格など、全ての要素を厳密に作り込んで、キャラクターに完全に入り込む、一種の「憑依芸」を得意としている。

一方、南原は、どんなキャラを演じる際にも、素の自分を残したままで、その特性を生かしてキャラの面白い部分を際立たせようとするのだ。

いわば、内村が、自分を消すことでキャラを光らせるのに対して、南原は、自分を消さないことでキャラを光らせるという違いがあるのだ。内村だけでは精密だが重い。南原だけでは快活だが軽い。この2人が、演じ手として対照的な芸風を持っていたことで、ウンナンのコントは独特の重層的な魅力を放つようになったのである。

彼らの番組に限った話ではないが、今、DVDなどで当時のバラエティ番組を振り返ってみると、コントにおけるセットや衣装、小道具に莫大な予算を費やしていることが素人目にもはっきりとわかる。

バブル経済が崩壊しつつある時代状況の中で、その残り火を輝かせるようにして、ウンナンの2人はとんねるずの抜けた穴を必死で埋めた。このときにがむしゃらにもがいて結果を出した経験が、彼らを大きく成長させることになった。

## 『ウッチャンナンチャンのやるならやらねば！』

放映＝1990年10月～1993年6月
吉田正樹＝ディレクター→プロデューサー

---

土曜8時。それは、80年代中盤から90年代前半にかけて、TBSとフジテレビがお笑い番組で激しい視聴率戦争を繰り広げる激戦区だった。

最も有名なのは、TBSの『8時だョ！全員集合』とフジテレビの『オレたちひょうきん族』の争いである。王道の生放送スタジオコントを貫くドリフ率いる『全員集合』に対して、『ひょうきん族』は、なりふり構わずのゲリラ戦を展開。芸人とスタッフが一丸となって仕掛けたお祭り騒ぎじみた企画の数々によって、『ひょうきん族』は『全員集合』を視聴率で抜き去り、番組終了にまで追い込んだ。

だが、ここからTBSの猛反撃が始まった。『全員集合』の後番組として、ドリフの二枚看板である加藤と志村をメインにした『加トちゃんケンちゃんごきげんテレビ』をスタートさせて、今度は『ひょうきん族』を終了に追い込んだのだ。

その後しばらくは『加トケン』の天下が続いていたのだが、次にそれを打ち倒す刺客となったのが『ウッチャンナンチャンのやるならやらねば！』だった。この番組こそが、ウンナンの人気を不動のものにしたと言えるだろう。

半年間限定の『誰かがやらねば！』で結果を残して自信をつけた2人は、満を持して歴史と伝統ある「土曜8時」に看板番組を持つことになった。ここで行われていたのは、パロディを中心にした大がかりなスタジオコントだった。

中でも特筆すべきは、フジテレビの人気ドラマの一連のパロディシリーズだろう。この番組が放送されていた当時は、フジテレビのトレンディドラマ全盛期。そんな中で、ウンナンの2人が全力で演じるパロディドラマの数々が注目を集めたのである。特に、『101回目のプロポーズ』のパロディドラマで浅野温子役を演じる南原の、薄気味悪いが特徴を捉えた演技は印象深い。

TBSの『加トケン』は、『KATO&KENテレビバスターズ』としてリニューアルされたが、視聴率は伸び悩み、フジの『やるやら』と日テレの『マジカル頭脳パワー!!』に敗れる形で放送を終了した。土曜8時枠の「お笑い番組最終決戦」は、フジテレビが制したのだ。

ただ、その後、『やるやら』も撮影中の不幸な事故が原因で突然の打ち切りを迎えた。これにより、80年代から長く続いた「土8戦争」は、どちらの局からもお笑い番組が消えてしまう、というあっけない形で幕を閉じた。

『ウッチャンナンチャンのやるやらフォーエバー
誰かがやらねば！やるならやらねば！傑作選』
●発売／販売：フジテレビ映像企画部／ポニーキャニオン　●税込15750円

第四章

# 志、半ばにて

## 種を蒔く人

少しだけ時計の針を戻しましょう。

『やるやら』の人気が安定し、制作面でもやや余裕が出てきた一九九二年の秋、僕は編成にいた同期の小川晋一から、深夜枠で放送する新しいバラエティ番組を作ってくれないかと頼まれました。

八〇年代後半から、フジテレビはこの時間帯を重視しており、深夜編成部長に任命された若手の編成マンが、制作と一緒になって今までにない実験的な番組作りを行う――という流れができていたのです。『冗談画報』や『夢で逢えたら』もその中から生まれてきた番組なのですが、『夢逢え』が夜一一時台へ移ってからというもの、芸人たちが登場するネタ見せ番組やコント番組は久しく作られていませんでした。

深夜番組から火が付いたウッチャンナンチャンとダウンタウンは、既にゴールデンへと駆け上がり、彼ら流のやり方で笑いの王道を突き進んでいます。今のうちに次の時代を担う若手を育てておかなければ、早晩、フジテレビのお笑いバラエティは息切れすることになる。それは編成だけでなく、現場で番組を作っている僕たち自身の危機感でもありました。

ふと、『オレたちひょうきん族』のことが頭をもたげます。どんな人気番組も、いつかは必ず終わる。あの時、『ひょうきん族』と並行して『冗談画報』や『夢逢え』という〝種〟を蒔いておいたからこそ、その後の『やるやら』や『ごっつええ感じ』という大きな果実が実った。多くの人たちに支持される人気バラエティは、作れと言われていきなり作ることはできないのです。

一〇月に始まる新番組のタイトルは、『新しい波』と決まりました。かつてフランス映画界を席巻した革命的な映画運動よろしく、お笑いの世界のヌーベルヴァーグ《新しい波》を意識してつけたタイトルです。基本的にはブレイク前の若手芸人によるネタ見せ番組ですが、同時に複数の芸人たちが合同コントを行うという、実験的な側面もありました。

『新しい波』は、僕の初プロデュース作品でもあります。この時の僕は三三歳。年齢的にもそろそろベテランの域に入りつつありました。

自分が演出から離れるとなると、誰かにディレクションを任せなければなりません。そこで選んだのが、片岡飛鳥と、後に『SMAP×SMAP』をヒットさせ、『笑っていいとも！』のプロデューサーになる荒井昭博君でした。

『新しい波』は半年で終了しましたが、次世代のお笑い芸人を発掘するというコンセプトは、八年後に放送された『新しい波8』、さらにその八年後に作られた『新しい波16』へと続きました。

蒔かれた種は芽を出し、花を咲かせ、その種子が次の世代に確かなものを継承したのです。

## 『めちゃイケ』の種

『新しい波』がまだ放送中の話です。僕は編成の小川から、再びある提案を持ちかけられました。『新しい波』の出演者の中からメンバーを選抜し、深夜枠で『夢逢え』のようなコントバラエティを作りたいという話でした。

僕は四年前を思い出しました。あの時、『夢逢え』を深夜枠から夜一一時台に移すように提案したのは、小川と同じ編成部にいる小牧次郎です。結果的に『夢逢え』はブレイクし、ウッチャンナンチャンとダウンタウンという、二大コンビを世に送り出すことになりました。編成と制作の二人三脚によって誕生した『夢逢え』を、小川は新しいスタイルでもう一度やろうとしているのです。考えてみれば、小川も小牧も僕も、みな一九八三年入社の同期組。これも何かの縁かもしれません。

そうは思ったものの、すぐに「じゃあやろう」というわけにもいきません。僕の感覚では、この提案は明らかに早すぎたのです。『新しい波』には東西の若手芸人が多数登場し、未来に花咲くであろうお笑いの種が順調に育っていました。このまま続けていけば、ここから第二のウッチャンナンチャンやダウンタウンが出てくるかもしれません。

ただ、それにはまだ時間が必要でした。『冗談画報』から『夢逢え』が誕生するまでにも、三年の歳月がかかっているのです。なのに『新しい波』は始まって数ヵ月しか経っていない。ためらっている僕を前に、小川は思い詰めた表情でこう言いました。

「深夜のテレビがだんだんつまらなくなってきている。俺にまだ決定権があるうちに、次の時代につながるコント番組を作っておきたいんだ」

バラエティに対する危機感があることは知っていましたが、小川がコントにこだわりを持っていることが意外でした。ここまで言われたら反対することなどできません。もとより、僕のバラエティ人生の核にあるのはコントなのですから。

プロデューサーは自分がやるとして、ディレクターはどうする？　それができるのは片岡飛鳥をおいてほかにいませんでした。『やるやら』で実力を発揮している今だからこそ、新しい笑いに挑戦し、ディレクターとしての幅をより広げるべきだと思ったのです。

しかし話を振ったものの、まだしばらくウッチャンナンチャンとやり続けたいという気持ちが強かった飛鳥は、なかなか首を縦に振りませんでした。彼は『やるやら』で、『101回目のプロポーズ』のパロディといったヒットコントを連発していましたから、そちらに専念したかったのでしょう。

でも、誰かが今、種を蒔かなければなりません。新宿の飲み屋で彼と向かい合った僕は、渋る飛鳥を一喝しました。

「お前が新しい時代を作るんだ。お前しかいないいんだ！」

彼に説教しながら、僕は自分自身にも言い聞かせていたのだと思います。これは会社に言われたからやる仕事じゃない。僕たちはフジテレビバラエティの伝統を後世につないでいくバトンを受け取ったのだと。飛鳥が納得して笑顔を見せてくれた時、外はすっかり明るくなっていました。

ディレクターが決まれば今度は演者です。『新しい波』で既に若い演者さんたちと良好な関係を築いていた飛鳥の頭にあったのは、この番組に出演したナインティナインを中心とする新しいユニット構成でした。

当時のナインティナインは、結成してまだ三年目。ダンスを取り入れたお笑いユニット「吉本印天然素材」の一員として東京に進出していましたが、あくまでもアイドル的な人気に留まっており、一部のお笑いファンが注目している存在に過ぎませんでした。

飛鳥は彼らをよく知っていましたが、僕は会ったことも話したこともありません。果たしてものになるのか、自分の目で確認しておく必要がありました。もし彼らが今のアイドル的な人気で満足しているようなら、番組の中心に据えることなど到底できないからです。

新宿のバーで、僕はナインティナインの二人と初めて顔を合わせました。岡村君も矢部君も、年齢はまだ二〇代の前半。表情には初々しさが残っています。僕は単刀直入に尋ねました。

「君たち、天下取りたいですか」

「取りたいです！」

間髪入れず返ってきた威勢のいい返事。この二人には大きな志がある。それが分かれば、もう躊躇する必要はありませんでした。

「そうか。じゃあやろう」

二人の目がキラキラと輝いています。その傍らで緊張から解き放たれたかのように、飛鳥が安堵の表情を浮かべていました。

四月から始まった新番組のタイトルは、『とぶくすり』。ナインティナインを中心に、よゐこ、極楽とんぼ、光浦靖子など少数の固定メンバーがレギュラーとなって、ショートコントを展開するという内容です。低予算のためセットはシンプルなものでしたが、お笑い第四世代と呼ばれるメンバーたちは才気に溢れていました。深夜の時間帯にしては視聴率もまずまずです。ナインティナイン以外の演者さんたちはそれほど知名度がなかったのに、結果的に『とぶくすり』は、サポーター的なファンが大勢つくほどの人気番組になりました。

また、この番組は現在につながる大きなバラエティの流れを作る役割も果たしています。そう、後に栄光の土八枠を獲得する『めちゃ×2イケてるッ！』は、この『とぶくすり』がルーツなのです。

## 限界を迎えつつあった『やるやら』

深夜枠でこうした新しい胎動があった一方、僕は主戦場であるゴールデンの『やるやら』で、もがき苦しんでいました。第三章でも少し書いたように、三年目を迎えた頃から、番組自体が徐々に行き詰まってきたのです。

コントの演者さんとしてのウッチャンナンチャンは、既に誰もが認める大きな存在になっていました。彼らの笑いは、他の誰にも真似のできないオンリーワンの世界。そしてそれを支えているのが、彼らと僕たちスタッフが一緒になって作り出す、斬新で面白いネタでした。

僕も、調子のいい時は、長尺コントまるまる一本分の台本が、すらすらと淀みなく口をついて出てきました。しかし三年目ともなると、そううまくはいきません。一つのコントで二〇分にもなるストーリーを作るのが、どんどん苦痛になってきます。

僕は、『やるやら』で自分の全てを出し切ってしまったのだと思います。小さい頃身に付けたギャグのセンス、大学の落研時代に勉強した笑いのツボ、『ひょうきん族』で学んだ演出のテクニック……。それらを二年間で全て消費してしまい、頭の中にはもう何ひとつ残っていません。

その絶望的な状況は、毎日身体を張って頑張っているウッチャンナンチャンも同じでした。元気の良かった飛鳥ですら、この頃は「しんどいですね」と弱音を吐いていたのです。

実は今でも時々思います。『やるやら』を始める時、星野は断固として反対しましたが、もしかしたら彼は正しかったのかもしれないと。彼がこうなることを予見していたとは思えませんが、いずれにせよ、僕たちにも番組の行く末は見えていませんでした。今できる面白いことは出し惜しみせず、全部やってやろうと考えていた僕たちに、先のことを考える余裕はなかったのです。「何か面白い企画ありませんか?」——周りの誰かれ構わずそう聞いて回りたいほど、この頃の僕たちは疲れ切っていました。

それでも、皮肉なことに視聴率は依然として高く、番組の人気は衰える気配もありません。

外から見ると、全ては順調に行っているように見えていたことでしょう。でも、何かが違っていました。運命の歯車は、僕たちの気が付かないところで静かに軋み始めていたのです。

## 一九九三年、六月二三日

番組を作っているプロデューサーやディレクターは、しばしば芸能プロダクションからタレントの出演を依頼されます。一九九二年の年末、僕は以前から付き合いのある大手プロダクションから、あるグループを『やるやら』で使ってもらえないかというオファーを受けました。

彼らの名は、ビヨンド。香港出身の四人組ロックバンドで、香港のみならずアジアを舞台に幅広く活躍している人気グループでした。日本への本格進出にあたって、このプロダクションが彼らをサポートしていたのです。

ビヨンドは香港でバラエティ番組もこなしているという話でしたが、言葉の問題もありますから、さすがに日本のお笑い番組に出るのは難しいと判断した僕は、丁重にお断りしました。しかし先方も相当力を入れているらしく、その後も数回、番組出演のオファーを受けました。

年が明けた二月には、プロダクションからビヨンドの資料VTRが制作部に送られてきました。彼らが出演しているバラエティ番組の映像だったのですが、ロックミュージシャンでありながら、四人ともコントやトークを器用にこなしています。もちろん、楽曲の素晴らしさは言うまでもありません。タレント性があることはよく分かりましたが、やはり日本のバラエティでコントをやれるとは思えませんでした。

ところが、ここから話はどんどん進展していくのです。三月末には、来日していたビヨンドのメンバーが『やるやら』の収録スタジオを訪問。これがウッチャンナンチャンとの初顔合わせになりました。四月に入ると、六月に発売される新曲の資料がプロダクションから届きます。

そして五月、プロダクション側からウッチャンナンチャンとビヨンドメンバーの会食をセッティングしてほしいとの依頼があり、六月にそれが実現することになったのです。場所は目黒の中華料理店。ある女優さんの実家です。出席した主な顔ぶれは、番組側が僕、飛鳥、栗原、そしてウッチャンナンチャンの二人。先方はビヨンドの四人をはじめ、プロダクションのスタッフや通訳など。総勢一七名が参加する賑やかな会食となりました。

ここまで展開が進むと、コントができないという理由だけで出演を断るのは事実上無理です。コント以外の方法を考えればいいわけですから。番組の構成会議で検討した結果、ゲームなら彼らも参加しやすいだろうということになり、「やるやらクエストⅡ」というゲームコーナーへの出演を先方に打診しました。そのコーナーを収録したVTRをプロダクションへ送り、先方の了解を得た上で、当日行うゲームの具体的な内容を詰めていったのです。

収録は六月二三日でした。

場所は宇田川町の第四スタジオです。スタジオ入りしたビヨンドのメンバーは、すごく楽しそうに見えました。ウッチャンナンチャンとは何度か顔を合わせて親しくなっていましたし、バラエティ番組でゲームに参加するのは初めてだったでしょうから、そう見えたのだと思います。

この時のゲームは、ウッチャンナンチャン中心のレギュラーチームとビヨンドが入ったゲストチームが、水槽に浮かべた浮島を伝わりながら移動し、宝物を取るという内容。レギュラーチームが主に攻撃を、ゲストチームが守備を担当していました。

ゲームの舞台となる平台の高さは地上二・二五メートル。幅は約二メートル。その外側に背景を描いた高いパネルを設置し、パネルは裏側から補強台で押さえる形になっていました。

リハーサルが始まったのは午後一一時。

僕は既にプロデューサーになっていましたから、いつもなら演出はディレクターに任せるところですが、この日の収録は特別でした。何せ海外からのゲスト。若手のディレクターには荷が重いだろうと判断し、収録の直前に彼と交代して僕が自らディレクター席についたのです。平台は結構な高さがありますし、彼らには言葉が通じないので、合図を見たらすぐにゲームを中止するよう、ビヨンドのメンバーと前もって打ち合わせておきました。

本番の収録が始まったのは午前一時。

ゲームが進行すると、レギュラーチームがゲストチームの陣地に入り込み、八名ほどがゲストチーム側の平台に密集する形になってしまいました。全員が濡れた平台の上で激しく動き回っています。

その時、思いもかけない事態が起こりました。ビヨンドのリーダーだった黃家駒《ウォン・カークイ》さんとウッチャンが、水で滑って外枠のパネルに衝突したのです。「危ない！」と叫ぶ余裕すらありません。次の瞬間、目の前から二人の姿が消えました。

補強台を押しのける形で外枠のパネルが脱落し、二人は二・二五メートルの高さからスタジオの地面に落下したのです。本番が始まって、わずか一五分の出来事でした。

事故の発生と同時に、救急隊と会社の警備室に緊急連絡を入れました。救急車が到着したのは、一時二五分頃。ウッチャンは意識がありましたが、胸と腰を強打しています。一方の黄さんは……動いている気配がありません。

駆けつけた救急隊員の話では、黄さんの方が重傷なので、すぐに病院へ運ぶとのこと。ウッチャンは次の救急車を待つことになりました。

二台目の救急車が到着するまで、約五分。その間、僕はずっとウッチャンの手を握っていました。息をするのも辛い状態のはずなのに、ウッチャンが僕に何かを言おうとしています。

「ごめん、吉田さん。明日の収録できないわ……」

## 一九九三年、六月三〇日

二人はフジテレビの近くにある東京女子医大病院へ搬送されました。この時点で収録は完全に中止です。セットなどの現場保存に関しては、警備担当者に相談の上、撤収ということになりましたが、後に警察の現場検証が行われた際、この判断が大きな問題となるのです。

宿直の担当医の説明によると、黄さんの容体は「非常に厳しい。最悪のケースもあり得る」

とのこと。すぐにICU（集中治療室）へと移されました。

当事者である僕たちは、すぐに香港にいる黄さんの家族に連絡を取り、ビザや航空チケットの手配を進めました。深夜でしたが、病院には続々と関係者が集まってきます。フジテレビの制作、編成、広報。プロダクションやレコード会社のスタッフ。百人近いスタッフがロビーに集合し、緊迫した状況で朝を迎えました。


ウッチャンの検査が終わったのは、午前四時半。全治二週間の打撲傷でしたが、念のため、明朝もう一度脳の検査をすることになりました。

翌朝九時、黄さんの担当医師から正式な診断が発表されました。病名は「急性硬膜下出血、頭蓋骨骨折、脳挫傷」。極めて危険な状態で、ここ二、三日が山だとのこと。黄さんの家族が到着し、病院へ入ったのはこの日の夕方でした。

僕たちは、二四時間体制で黄さんの看病とご家族のお世話にあたりました。このような事故が起こった場合、普通の企業なら総務が担当するのかもしれません。でも、当事者である僕たちが、この場から離れることはできませんでした。

僕、飛鳥、栗原をはじめとする制作スタッフと編成のスタッフは、二四時間交代で黄さんの容体を見守りました。絶対安静の状態にある黄さんの姿を見ながら、慣れない日本で困惑する家族のお世話をして、ただひたすら回復を祈り続ける……僕たちにできることは、それくらいしかなかったのです。

残された仕事を続けながらの看病ですから、精神的にも肉体的にも非常に辛いものがありました。皆、疲労困憊してスタッフルームへと戻って来ます。

そんな時、僕らを励ましてくれたのが、佐藤さんの班にいた荒井昭博君でした。彼はスタッフルームで、「一日にひとりひとつずつ、面白いことを言いましょう」と僕らに提案しました。落ち込まずに前を向こうという彼の心温まる気遣いがなければ、僕たちはさらに辛い状況に置かれていたように思います。

彼ばかりではありません。フジテレビからは、営業、広報、総務など、様々な部署の人たちから多くの励ましやご協力をいただきました。また社外の関係者の方々からも、多大なサポートをいただきました。この時に受けた周囲の優しい心遣いを、僕は一生忘れることができません。

フジテレビは、二四日の昼にマスコミ記者会見を開きました。出席したのは、村上光一編成局長、中村敏夫制作室長、佐藤義和プロデューサー、そして僕、吉田正樹の四人です。この席で僕たちは事故の詳細を説明し、会社として陳謝の意を表明しました。

ウッチャンは事故から二週間、仕事を休むことになりました。一方のナンチャンはこの間に自分の結婚式を控えており、事務所サイドは式を延期すべきかどうか、ギリギリまで悩んでいました。結局式は行われたのですが、この時のナンチャンやご家族、関係の方々の心労を思うと、今も心が痛みます。

事故に遭われた黄さんとそのご家族、そして関係者の方々の悲しみと苦しみは、僕たちがどんなに誠意を尽くしてもやわらぐものではありません。病院にいる誰もが、僕たちに関係する全ての人々が、そしてビヨンドを支える大勢のファンの人たちが、黄さんの回復を心から願っていました。

でも、思いは通じませんでした。六月三〇日の夕刻、黄さんは多くの人々の祈りもむなしく、静かに息を引き取ったのです。

黄さんの遺体は七月一日に司法解剖され、翌日、成田から香港へ移送されました。特別便を見送る関係者の誰もが涙をこらえきれず、悲しみに打ちひしがれていました。香港での葬儀が行われたのは、四日と五日の両日。フジテレビからは藤村邦苗副社長、村上光一編成局長ら役員が参列しました。国民的スターの事故死ということで、現地は騒然とした空気に包まれています。しかし堀口寿一映画室長が香港芸能界に様々な手配をしてくださったおかげで、葬儀は平穏に終了しました。

七月一一日には芝の増上寺にて、日本での葬儀が執り行われました。「黄家駒君を送る会」と名付けられたこの葬儀には大勢のファンが参列し、残されたメンバーの記者会見も行われました。

『やるやら』は、事故があった日以降、一度も放送されることなく、正式に打ち切りが決定しました。

## 取り調べ

当時、事故のあらましについてはテレビや新聞でも報道されましたから、御存知の方も少なくないでしょう。この事故は一人が亡くなり、一人が怪我を負った重大な事例ですから、なぜそのような事故が起こったのか、また責任の所在がどこにあるのかが、公的に厳しく問われたのです。

僕たちは事故が起きた日の朝、総務部を通じて警察へ連絡していました。すぐさま警視庁牛込署による事情聴取が行われ、プロデューサーである佐藤さんと僕、そして第二制作部長が話を聞かれました。

続いて行われたのは、事故があった第四スタジオの現場検証です。現場を見た警察は、既にセットが解体されていることを問題視していました。今から振り返ると、誰に責任があるのかを判断する上でセットの検証は必然だったと思いますが、正直なところ、当時の制作現場に今ほどの危機管理意識はありませんでした。

セットを解体したことは社内でも問題となり、それは事故の責任の所在を巡る論争にまで発展しました。前例のない事故だったので、正しい答えは誰にも分かりません。昨日まで一緒に仕事をしてきた仲間たちの間に、大きな亀裂が生じました。

スタッフや出演者に対する事情聴取は、八月に入るまで順次行われました。八月と一〇月には警察の科捜研によってパネルの強度実験が行われ、一〇月からは捜査の担当が牛込署から警視庁捜査一課に変わりました。

最初の頃、事情聴取にはADや演者さんも呼ばれていましたが、この頃の対象者は、僕のほかに佐藤さんやセットを作った美術の責任者など、数人に絞られていました。そして一二月一〇日、僕は警察から、自分一人が被疑者となったことを知らされました。この日から、「事情聴取」は「取り調べ」に変わったのです。

取り調べを担当した刑事は、僕にこう尋ねました。「責任は誰にあると思う?」。もちろん、言い逃れをするつもりは一切ありませんでした。確かに現場の責任者は僕ですから。でも現場では注意を怠らなかったし、事故が起こった状況は、僕たちスタッフの予想の範囲を遥かに越えたものでした。

正直にそう答えると、今度は「本当に?」という反応が返ってきます。基本的に、取り調べはこの不毛なやりとりの繰り返しでした。

取り調べは一〇日間にわたって続きました。担当の刑事の態度は終始、紳士的なものでしたが、この場で責任の所在を明らかにしてやるぞという強い意志もまた、終始一貫していました。やがて僕は悟ったのです。

「僕が処罰されることが必要なのだ」と。

僕は刑事に向かって「私に罰を与えてください」と言いました。彼はやや驚いた表情で、こう聞き返してきました。

「えっ、本当にそれでいいのか？」

## 両極端の場所

『やるやら』が急遽打ち切りになり、僕はすることがなくなりました。当時は『とぶくすり』のプロデューサーでもありましたが、僕が行くと現場の雰囲気が重くなってしまうことは明らかだったので、自分の意志で現場を離れたのです。

それまで忙しく働いていたので、いったい何をすればいいのか見当もつきません。それ以前に、心情的に何をする気にもなれませんでした。

取り調べがない日は家を出ても会社に行かず、新宿御苑に向かいます。広い苑内のベンチに座り、ふと周りを見回すと、自分と同じような人が大勢いることに気が付きました。いい年した人が呆けたような表情でベンチに座り、何をするでもなく、ただ空を眺めているのです。

ここにいる人はみんな、大切なものを失ってしまったのかもしれないな……。そんなことを想像しながら、僕もまた彼らと同じように、ただぼんやりと空を眺めていました。この空虚な心を埋めるためには、どうしたらいいのだろう。いや、そもそも埋める必要なんてあるのだろうか。このままでもいいのかもしれない。どっちにしろ、今の自分に自分から何かをする力は残っていない……。

そんな時です。第二制作部の部長から連絡があり、僕は土曜日の深夜に始まる新しいバラエティ番組を作ることになりました。番組名は『殿様のフェロモン』で、ディレクターは片岡飛鳥。クイズやドッキリ企画などで構成された番組で、中山秀征、今田耕司、常盤貴子など、複数のタレントが司会役を務めます。今田耕司はそれまでダウンタウンとの絡みで使われることが多かったのですが、僕は彼の面白さはピンで立った時に発揮されると踏んでいたので、あえて彼の起用を決めました。

AV女優を起用したハケ水車の企画や飛鳥の自宅を荒らしたドッキリなどが話題になり、『殿様のフェロモン』は深夜としては異例に高い視聴率を記録しました。ここまで弾けた番組を作ったのは、当時の僕が抜け殻のような状態にあったせいかもしれません。

昼間は警察に呼ばれて事情聴取を受け、夜は過激な生放送の現場に身を置く。そんな両極端の場所を行き来する生活からしか、僕は生きている実感を得られなかったのです。心の片隅にはウッチャンナンチャンと再び番組をやりたいという気持ちがあったのですが、それはまだ叶わぬ夢でした。

年が明けた一九九四年の二月、僕は業務上過失致傷の罪名で東京地検に書類送検されました。ここからは検察官による取り調べが行われ、起訴するか、不起訴となるかが決められます。担当にあたった検察官は、驚くほど頭の切れる人でした。もちろん僕に対して責めるべき点はどんどん責めてくるのですが、僕が明確に認識していた事実は、疑念を挟まずに認めてくれます。

取り調べは間もなく終わる。きっと何らかの判断が下されるだろう……ずっと張り詰めていた緊張が、ゆっくりとほどけていきました。

夏が過ぎ、秋の涼しさを感じるようになった頃、東京地検から僕の元に一本の電話がかかってきました。

不起訴になったとの連絡でした。

## 寛容の精神

黄さんが亡くなられた直後、僕は職を辞すべきかどうか会社に尋ねました。責任の有無はともかく、こんな結果になってしまった以上、自分は会社に残るべきではないと思ったからです。ところが、村上編成局長はじめ上司たちは、「辞めるべきではない」と言ってくれたのです。ほとんどの役員は、僕をはじめ現場のスタッフを責めませんでした。

当時フジテレビの社長だった日枝久さんの言葉も忘れられません。出張先から帰国されたばかりの日枝さんに謝罪した時、僕はこんな言葉をかけられました。

「まじめに仕事をしてりゃ、こんなこともあるんだ。今は全力で誠意を尽くせ！」

日枝さんもまた、部下を誰一人として責めませんでした。

辞めるつもりだった僕を思い留まらせてくれたのは、役員ばかりではありません。編成や営業で働く多くの仲間たちから、「お前のせいじゃない。辞めるな」と声をかけられたのです。

事故は、会社にとってとてつもなく大きなマイナスです。金銭的な補償も巨額でしたし、フジテレビでで働く社員全員に迷惑をかけてしまったことに間違いはありません。それでも、周囲にいた多くの社員が僕をフォローし、「会社に残れ」と言ってくれたのです。もちろん、中には「なんてことしてくれたんだ」と思った人もいたでしょう。事故現場の責任者だった僕が会社からいなくなれば、会社としての対外的な面子も立つはずです。それでも、フジテレビの社員たちは僕を見捨てませんでした。

「お前はあの時、事故から一歩も逃げなかった」

後年、僕がフジテレビを退社する送別会の席で、事故当時の編成担当だった清水賢治からそう言われました。清水は僕の同期。そして最も信頼している編成マンだっただけに、その言葉は本当に嬉しかったですし、重みがありました。

でも、逃げることなんてできたでしょうか。自分のせいじゃないと言い張ることはできたかもしれません。でも、それが責任ある立場の人間が取る行動ではない。僕は事故が起こった番組のプロデューサーであり、現場で演出していたディレクターだったのです。どんな結果になるにしろ、全てを真正面から受け止めるしかありませんでした。

プロデューサーの佐藤さんもまた、佐藤さんなりの覚悟を決めていたのでしょう。「自分は全ての役職を退く。今までいい夢を見させてくれてありがとう」と言って、僕に握手を求めてきたのです。事故に対する自分の責任をどう感じ、どう決着を付けるか。それは人それぞれ違うもの。佐藤さんはそういう形で自らの責任を取られたのだと思います。

今でも僕の心には、自分がフジテレビの歴史の一部を変えてしまったという、忸怩たる思いが残っています。僕があいう失敗をしなければ、もしかしたらフジテレビのバラエティは、違った道筋をたどっていたのかもしれないと。

しかし、人生は失敗を避けては通れません。仕事でもプライベートでも、人は数多くの失敗や過ちを繰り返す哀しき存在です。親と子や友人同士のように対個人であれば、失敗しても許してもらえるでしょう。でも会社という組織は、そう簡単に社員の失敗や過失を許してはくれません。規模が大きくなればなるほど、失敗や過失に対しては厳しく臨むのが普通なのです。

ところがフジテレビは、仕事で大きくつまづいた僕を、再び受け入れる決断をしてくれました。全てを失った敗者に復活の機会を与え、もう一度輝くチャンスを与えてくれたのです。もしフジテレビが、一度でも大きな失敗したらそれで終わり、という裁定を下す会社だったら、毀誉褒貶の激しい僕のような人間は、到底生き残ってこれなかったでしょう。

一九九四年の夏、僕は人事部長に呼ばれ、「これからどうしたい?」と尋ねられました。

「今は警察に呼ばれている状態なので、いい番組は作れないと思います」

制作から外してほしい……それが僕の正直な気持ちでした。会社には残ることができても、やはり自分の手で番組を作る気にはなれなかったのです。

会社の上層部も、相当悩んだと思います。死亡事故の当事者だった社員をどう処遇したらいいのか。復活のチャンスを与えるには、この男に何をやらせればいいのか。一〇年間在籍した制作を離れることになった僕に与えられた復活の場は、意外にも制作と極めて関わりの深い部署でした。

僕は編成部へ異動することになったのです。

## 主要番組解題④

文＝ラリー遠田

『新しい波』
放映＝1992年10月～1993年3月
吉田正樹＝プロデューサー

『オレたちひょうきん族』が始まった81年以降、フジテレビはテレビバラエティのトップランナーであり続けた。それは、単に視聴率が良かったとか、ヒット番組をいくつも生み出したということだけを意味しているのではない。

フジテレビのスタッフは、他局に比べて、「お笑いタレントを育てる」という明確な目的意識を持って番組制作に取り組んでいた。その意識の高さこそが、フジテレビがバラエティの世界でトップを走り続ける原動力となっているのである。

実際、『冗談画報』から『夢で逢えたら』を経由して、ウッチャンナンチャンとダウンタウンという時代を代表するスーパースター2組が見事に巣立っていった。90年代に入り、彼らは『やるならやらねば！』『ごっつええ感じ』という看板番組をゴールデンタイムに獲得した。この2組を無事にメジャーの舞台に送り出したフジテレビ制作陣は、息をつく間もなく次世代スターの発掘へと乗り出した。

ここでその役目を任されたのが、ディレクターの片岡飛鳥だった。彼は、番組を作る上で「世代感」に強いこだわりがあった。当時『やるならやらねば！』のスタッフだった彼は、自分と同世代であるウンナンと意気投合して、同じ感覚を共有しているという意識を抱いた。そこで、下の年代の芸人にはまた違った感覚があり、それが次世代の笑いを生み出していくことになるのではないか、と彼は考えたのだ。

ここで、片岡の提唱する「お笑い8年周期説」というのが出てくる。これは、たけし、さんま、ダウンタウンと、時代を背負って立つ芸人は8年ごとに現れる、というもの。ダウンタウンよりも8年下の世代に、新たな才能が潜んでいると彼は考えたのだ。

ただ、これは、「その世代に必ず才能が潜んでいるはずだ」という迷信のようなものではない。片岡の真意は、「8年くらいの年齢差があって初めて、文化や価値観の違いが明確になり、その時代ごとの若者に支持されるスーパースターになりうる」ということだった。

このような経緯から92年に深夜番組として始まったのが『新しい波』である。これは、『冗談画報』のリニューアル版とも言える内容で、毎回1組ずつ若手芸人が出て、自分たちの持ちネタを披露していった。

ここで、制作スタッフの心をとらえたのが、ナインティナインの岡村隆史だった。彼の卓越した反射神経、運動能力、意識の高さは、ポスト第三世代のまとめ役となるのにふさわしいスケールの大きさが感じられたのだ。

ここに、片岡ディレクターとナイナイ岡村の黄金コンビが誕生した。『とぶくすり』

『めちゃモテ』を経て『めちゃイケ』を生み出すまでの彼らの原点はこの番組にあったのだ。

『とぶくすり』
放映＝1993年4月～1993年9月
吉田正樹＝プロデューサー

『新しい波』に出演していた若手芸人の中から選ばれたメンバーを中心にして作られた、深夜の本格コント番組。レギュラーを務めたのは、ナインティナイン、よゐこ、極楽とんぼ、本田みずほ、光浦靖子。本田みずほ以外は『新しい波』からの選抜メンバーだった。

彼らを『夢で逢えたら』のレギュラー陣と比較したとき、一番大きな違いは、各人の経験の浅さである。『夢逢え』のダウンタウン、ウンナン、清水ミチコ、野沢直子は、番組開始時点ですでに、それぞれがそれなりに完成された技術を備えたビッグネームばかりだった。だからこそ、あの番組は高いレベルでの芸人同士のぶつかり合いになっていたのである。

だが、『とぶくすり』のメンバーはそうではない。もちろん、それぞれがライブシーンで活躍してはいたが、必ずしも当時の最先端を走る実力者揃いというわけではなかった。特に、ナインティナインは、吉本印天然素材のリーダー格としてアイドル的な人気を得ていたが、実力に関してはまだ未知数というところがあった。だが、ディレクターの片岡飛鳥は、岡村の芸人としてのプロ意識の高さを買って、彼に全てを託すことにしたのである。

この番組では、スター性のあるナイナイ、シュールコントのよゐこ、男臭く不良っぽい極楽とんぼなど、個性の違うキャラ同士が集まっていた。彼らは、『夢逢え』のメンバーと比べると、芸人としてやや偏った能力の持ち主が多かった。ただ、だからこそ、そこには横並びの連帯感が生まれていったのだ。

コント番組としてのこの番組のキーマンとなっていたのは、ナイナイの矢部浩之である。彼が安定感ある仕切り役、ツッコミ役としてメンバーを先導していったことで、他の芸人たちはそれぞれの持ち味を生かす作業に没頭することができた。

ナイナイという芸人をコンビ単位で見た場合、えてしてボケ役の岡村ばかりが注目されがちだが、『とぶくすり』が番組としての統一感を持ちえたことに矢部の果たした役割は、きわめて大きかったと言える。

たった半年の放送だったが、この番組は大きな反響を呼び、『とぶくすりZ』としてリニューアルされた。また、このメンバーがのちに『めちゃイケ』の主要メンバーとなり、フジテレビを支える屋台骨となっていくのはご存じの通りである。

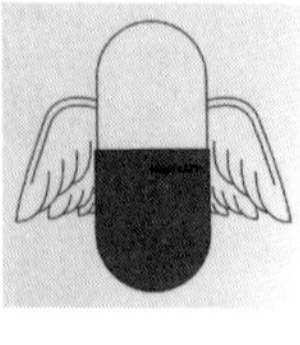

『とぶくすりベスト』
●発売／販売：フジテレビ映像企画部／ポニーキャニオン　●税込4935円
©2001フジテレビ

---

『殿様のフェロモン』
放映＝1993年10月〜1994年3月
吉田正樹＝プロデューサー

---

かつて、深夜番組はエロの宝庫だった。アダルトビデオが世間に普及する前の時代には、テレビは男子中高生の欲望の対象としても重要な意義を持っていたのだ。

そして、90年代前半には、「一家に一台」だったテレビが、ようやく「一部屋に一台」となりつつあった。自室のテレビで、親が起きてこないかとじっと息を潜ませて、性欲に駆られた青少年たちは、アダルトビデオをこっそり眺めたり、深夜に流れるエロ番組に釘付けになったりしていたのだ。

この時期には、フジテレビによって深夜枠が開拓され、その時間帯が若手ディレクターによる斬新な企画の実験場となっていた。『殿様のフェロモン』は、そのような流れの中で生まれた番組である。

ここでは、いわゆる「お色気番組」をどのように作るのか、ということが制作者にとっての課題となった。すなわち、テレビでは、いわゆるセックス映像をそのまま流すわけにはいかない、という事情がある。

それは、倫理的に許されないというだけではなく、あまりに即物的であるために、制作者のプライドとしても断固として許しがたいものだった。直接的なエロはテレビでは流せないし、流したくもない。

それでは、いかにしてエロをエンターテインメントとして見せることができるか？　そこに創造力の介入する余地がある。

そうやって、エロをどう表現するかという試行錯誤の末に生まれた完成品のひとつが、『殿フェロ』の名物企画「ハケ水車」だろう。ハケのついた水車をAV女優が股間に当てられて、快感にあえぐ演技をする。今振り返れば、確かにかなり露骨なエロにも見えるが、テレビで放送するにはギリギリセーフだと言える。このラインが、エロをバラエティにするほぼ限界のところだったのだろう。エロ番組を作る上で必要なのは、寸止めの創造力だ。当時のテレビマンは、深夜のお色気番組で必死になってそれを追求していたのである。もちろん、番組自体は、全編がエロで構成されていたわけではない。基本的には、『オールナイトフジ』の形式を踏襲した、フジテレビ伝統の深夜番組とも言える内容だった。

今では、地上波の番組で、露骨なエロ企画を見かけることはほとんどない。それは、規制が厳しくてできないというのに加えて、そういうことをやる意義が薄れているというのも大きいだろう。インターネットなどで手軽に性欲を満たす画像や動画を収集できる時代には、深夜番組でエロを見せる必然性がない。エロがバラエティのスパイスとして作用していた時代は、いつの間にか終わりを告げていたのだ。

『誰かがやらねば!』演出中

# 第五章

# 幼年期の終わり

## フォー・ザ・カンパニー

思えば、僕がフジテレビに入社した時、希望の配属先として申請したのが編成部でした。それが、まさかこんな形で現実になるとは……。

他部署から編成への異動は、間違いなく栄転です。どの時間帯にどういう番組を放送するのかを決める編成という仕事は、言ってみればそのテレビ局の〝思想を作る〟ようなもの。主導的立場であり、中枢であり、司令塔なのです。事故による失敗で会社にダメージを与えてしまった僕には、過分なポジションのように思えました。

でも、ここは会社が僕に与えてくれた復活の舞台。今までの自分はきっぱりと忘れて、とにかく全力を尽くすしかありません。僕はこの編成部で、テレビマンとしての人生を一からやり直すことになったのです。

編成の仕事に就いた僕は、会社とはどういう組織なのか、放送業界はどういう仕組みで動いていて、何を目的に番組を作っているのかといった、テレビの仕事の根幹を基礎から学ぶことになりました。テレビマンなら知っていて当然だろうと言われそうですが、制作にいる人間は、なかなかそういう視点を持つことができません。何をおいても、まず面白い番組、当たる番組を作ることが求められるからです。

同期から一年遅れでADになり、先輩に無視されながらも、何とか仕事を覚えて独り立ちできるまでになった僕。誰もやりたがらない仕事をやり遂げた自負があり、期待されずに始めた番組を視聴率トップの人気番組に成長させた経験もあります。最後の頃は、プロデューサーとして後輩を育てるまでになっていました。

僕は確かに一人前になれたのかもしれません。ディレクター、プロデューサーとしては。

「ドリームズ・カム・トゥルー」。制作時代の僕の頭の中にあったのは、ただそれだけでした。自分が作りたいと思う番組を作ること。やりたいと思うコントを演者さんと一緒になって練り上げること。人気番組を作って視聴率を取り、他局の番組を打ち負かすこと。それら全てが当時の僕の夢であり、ほかのことは眼中にありませんでした。子供のように番組づくりに熱中し、しかもそれが当たってしまったからまだまだいけると思い込み、なおのこと自分自身の姿が見えなくなっていたのです。

既に三〇歳を過ぎていたのに、僕はあまりにも子供でした。

そんな僕が編成の仕事を通じて学んだのは、テレビ番組は、単に面白さだけを追求すれば、視聴率が取れればそれでいいというものではない、ということです。重要なのは、バラエティであれドラマであれドキュメンタリーであれ、その番組が社会にどんな影響を与え、会社や放送業界全体に対してどんな貢献ができるかを考えること。別の言い方をすれば、自分が楽しみたい、自分が目立ちたい、自分が出世したいという私利私欲で番組を作るのではなく、もっと「大局的な見地」から番組を作るべきだということです。

この頃から、僕は「フォー・ザ・カンパニー」という言葉をよく口にするようになりました。自分のためでなく、会社のために仕事をする。フジテレビには、個人的にも恩義を感じています。会社から追い出されても仕方がない状況だった僕に、再び仕事をするチャンスを与えてくれたのですから。恩を返すには何をしたらいいのか。会社のために、今の自分にできることは何なのか。編成時代の僕は、常にそのことを念頭に置きながら仕事に取り組むようになったのです。

テレビマン吉田正樹の制作部時代は、一九九四年の夏で終わりを迎えました。僕の制作者人生は、とりあえずここで終了です。

一〇年間の制作者人生。長かったと思うこともあれば、短く感じることもあります。そこから離れたことを寂しく思うこともあれば、違う人生に踏み出せたことを嬉しく思う自分もいる。相反する感情が交錯するのは、この時代が僕にとっての青春であり、それが予期せぬ形で終わってしまったからだと思います。憧れと幻滅、喜びと苦悩、成功と失敗、そして、悲劇的な結末――。

寂しいと思ったのは、みんながまだメインステージで頑張っているのに、自分だけがそこから降りて別の道を歩き出したような気がしたからです。もちろん自分の意志でそうしたわけですが、心の中では、まだどこかに「大事なことをやり残している」という気持ちがくすぶっていたのかもしれません。

## 日テレに勝てない!

僕が編成部にいたのは、一九九四年から九八年にかけての四年間。実はこの時期のフジテレビは、非常に厳しい状況下に置かれていました。『やるならやらねば!』終了後のバラエティは『ダウンタウンのごっつええ感じ』以外に目立ったヒット作がなく、九六年の『ロングバケーション』や九七年の『ギフト』といったSMAPの木村拓哉主演作を除けば、ドラマもそれほど高い視聴率を取っているわけではありません。

フジテレビは一九八二年から九三年までの一二年間、連続して年間視聴率三冠王を獲得していましたが、九四年に入ると、その栄光の歴史に陰りが見え始めてきたのです。編成部に入った僕はバラエティ担当としていくつかの番組を手掛けることになるのですが、入ったその年の暮れから、厳しい現実を突き付けられました。

そう、日本テレビが一九九二年からスタートさせた『進め！電波少年』の人気に火が付き、毎回二〇%近い視聴率を取るようになったのです。そして、「アポなし取材」や芸人による「ヒッチハイクの旅」といったドキュメンタリー的な企画は、フジテレビが伝統的に守ってきたコント中心のバラエティ企画とは一線を画すものでした。

一九九四年、ついにフジテレビは、一九八二年から長年守ってきた三冠王の座を日本テレビへ譲り渡すことになります。この事実はフジテレビ社内に大きな衝撃を与えました。それはそうでしょう。バブル全盛期の後にも怒濤のような勢いでヒット番組を生み出し続けていた局が、いきなり他局に背後から抜き去られたわけですから。

当時の編成局長は、高倉健さん主演の映画『八甲田山』を引き合いに出し、僕たちに警鐘を鳴らしました。「指導者が間違うと部隊は全滅する。だからお前たちがしっかりしろ」というわけです。立て直しを図るには、まず編成が変化する必要がありました。

さっそく制作で実績のある経験者が編成に集められました。その代表が、月九を舞台に数多くのトレンディドラマを当ててきた大多亮《とおる》さんです。大多さんは僕の一年後に、副部長として編成部へやってきました。

ただ、大多さんはドラマ畑の人ですから、バラエティに関してはそれほど詳しくありません。バラエティ出身の僕はよく「どうしたらいいか」と相談されました。こうして僕はバラエティの編成に多く関わることになったのです。編成時代、大多さんには本当にお世話になりました。同じ番組制作者として通じ合う部分が、仕事を前向きに取り組む気持ちにさせてくれたと思っています。


大多さんの着任後、ほどなくして僕は三つの提案をしました。
一、ＳＭＡＰの番組を立ち上げる。二、片岡飛鳥の『めちゃ×2モテたいッ！』をゴールデンタイムに進出させる。三、『オレたちひょうきん族』につながるフジテレビのＤＮＡを持った番組を立ち上げる——。
そんなわけで一九九六年には、ＳＭＡＰの冠番組となった『SMAP×SMAP』、土八の顔となった『めちゃ×2イケてるッ！』、従来のパナソニック枠を音楽番組へと変貌させた『LOVE LOVEあいしてる』と、三本の新番組を立て続けにスタートさせました。三つのうちの二つが実現したのです。

ただ、バラエティ番組である『SMAP×SMAP』と『めちゃ×2イケてるッ！』は確かに高視聴率を獲りましたが、それでもまだ日テレに勝てません。局地戦では勝てたものの、総合力で劣るため、戦い全体では負けていたのです。

局と局の戦いは言わばブランドとブランドの戦い。喩えるなら、バッグやシャツといったアイテムひとつだけが良くても、トータルコーディネートで勝っていなくてはならない。テレビ局が勝つには総合力が必要ですし、その背景には番組づくりに独自の哲学が求められるのです。

年間視聴率三冠王は依然として取り戻せず、日テレの後塵を拝したままの状態が続きました。結果としてフジテレビは、一九九四年から二〇〇三年まで、一〇年間にわたって三冠王の座を日本テレビに明け渡すことになります。

この頃のフジテレビは完全にダッチロール状態でした。もがいてはいるのですが、決定打がなかなか見出せない……。

それまでフジテレビには、「現場に近い編成が色々なことを決めて、制作と二人三脚で番組を作る」という気風がありました。それはフジテレビのDNAが生んだ文化であり、まず力のある編成と制作のスタッフがいて、その上にいい上司、いい幹部がうまく乗っている――という組織の形でした。八〇年代までは、それがうまく機能していたのです。

でも日テレとの視聴率競争に敗れたために、フジテレビは今までのやり方を大きく変えました。現場からヒットプロデューサーを引き抜いて編成に集めたのです。一九九七年には社屋の移転と株式上場が続きましたから、社内の空気が変わったことも背景としてあるでしょう。

ところが、番組編成をテコ入れしても、結果はなかなかついてきません。『電波少年』のようなドキュメンタリー・バラエティを作ればいいのか。あるいは、日テレで『クイズ世界はSHOW by ショーバイ!!』や『マジカル頭脳パワー!!』といったヒットバラエティを連発していた五味一男さんのような手法を取り入れたらいいのか……。

五味さんの手法とは、視聴者が求めているものを計算し尽くし、CMを入れる場所の工夫やスーパーの多用などで視聴者を惹き付ける、マーケティング・バラエティです。当時フジテレビも、このやり方を取り入れようとしたことがあるのですが、うまくいきませんでした。新番組の視聴率は思ったほど上がらず、どんどんデフレスパイラルに陥っていったのです。僕をはじめ編成のスタッフは皆、もどかしい気持ちで九〇年代後半を過ごしていました。

当時、フジテレビの救いはSMAPでした。あの荒井昭博君がプロデュースする『SMAP

×SMAP』は常に二〇%以上の視聴率を取っていましたし、『笑っていいとも!』には週のうち三日もSMAPのメンバーが出演しています。木村拓哉主演のドラマ『ロングバケーション』は、ピアノを習い始める男性が増えるといった社会現象まで引き起こしていました。

でも、SMAPの番組もすんなりと決まったわけではありません。僕は制作にいた頃に彼らと出会い、早くからその才能に気付いていましたから、編成に異動した直後から、彼らを使ったバラエティの企画を提案していました。しかしながら、『SMAP×SMAP』が始まるまでには三回の改編、つまり一年半も待たなければならなかったのです。まさしく、大多さんが編成部に来るタイミングでした。

これ以前にフジテレビで当たっていたバラエティといえば、一九九三年から始まった『料理の鉄人』です。タレントの魅力に頼らず、企画の面白さや独自性で人気を博していました。それはつまり日テレ流のアプローチです。フジテレビが培ってきた、演者の魅力をコントなどで引き出すバラエティの伝統を踏まえたものではありません。

編成のオーダーは視聴率を取ってトップに返り咲こうというものですから、今この瞬間、視聴者に受けている日テレ流のアプローチには、確かに説得力があります。一九九七年くらいまでは、僕もそれでいいと思っていました。実際、そういう番組でしか視聴率を取れませんでしたし、八〇年代的な発想で番組を作った番組は、全て玉砕していましたから。

だけど、僕の身体に染みついている「フジテレビらしさ」が、どんどん違うものに置き換わっていくこともまた、肌で感じていました。編成にいて自分自身がその作業を行う張本人なわけですから、どんどんフラストレーションが溜まっていきます。

昔から、フジテレビのバラエティは世の常識に対する反骨精神や批判精神から生まれてきたのではなかったか。誰も見向きもしないサブカルチャーの中に鉱脈を見出し、その巧みな錬金術によって多くの視聴者に支持される番組を作ってきたはずではなかったのか？

フラストレーションを溜めているのは、片岡飛鳥も同じでした。『めちゃモテ』から『めちゃイケ』を走らせて結果を出している彼でしたが、その内容はナインティナインを始めとしたタレントの個性を活かしたフジテレビの伝統的バラエティ形態。天下を制していた日テレ的なアプローチとは真逆のため、社内的にはなかなか評価してもらえません。なぜ会社は自分を分かってくれないのか。そんな歯がゆい思いを抱いていたことでしょう。飛鳥とは苦しい時代を共に生きてきましたから、僕は彼の孤独感がよく分かりました。

このようにフジテレビ全体が迷走を続けていた九〇年代後半、ある出来事をきっかけに、フジテレビのバラエティはますます厳しい状況に追い込まれることになります。『やるやら』と並んで九〇年代フジテレビのバラエティを牽引していた『ダウンタウンのごっつええ感じ』

が、一九九七年一一月に、突然終了したのです。

## 八〇年代的バラエティの終焉

一九九一年の末に『ごっつ』が始まった時、プロデューサーは佐藤義和さん、ディレクターは星野淳一郎と、『夢逢え』で僕の後を受けてディレクターをやった小須田和彦でした。第三章で書いたように、当初、星野はこの番組への参加を頑なに断っていました。それを僕が『やるやら』を離れる覚悟で説得したのですが、番組が始まってからも、星野と佐藤さんの関係はあまりうまくいっていなかったようです。

また、番組の人気が高まり、視聴率が上がるにつれて、ダウンタウン、特に松ちゃんの「笑いの道」への悩みが深くなってきていました。それをタレントのわがままと見る人もいますが、僕は松ちゃんの気持ちも理解できます。

おそらく、松ちゃんは悲鳴を上げていたのではないでしょうか。スタッフ、いやフジテレビは、なぜドラマばかりを大事にするのか。なぜコントで一生懸命努力をしている現場をリスペクトしてくれないのか。どうして自分たちのやりたいことを分かってくれないのか。そんな憤りがあったのだと思います。

そしてそれは、おそらく星野にもあったものでした。

結局、星野は途中で番組を外れることになります。代わって演出を担当するようになったのが、まだ入社して二、三年目の小松純也でした。『夢で逢えたら』のADだった小松は、星野に誘われて『ごっつ』のチーフADを務めていたのです。間もなく佐藤さんも現場を離れ、小須田和彦がプロデューサーとして番組を仕切るようになります。


番組終了の引き金となった出来事は、一九九七年九月二八日の日曜日に起こりました。

その日は『ごっつ』のスペシャルを放送する予定だったのですが、急遽、プロ野球セ・リーグの優勝決定戦（ヤクルト対横浜）を放送することになり、編成が番組を差し替えたのです。

しかも、その「差し替え」とは、『ごっつ』の放映中に突如中継がカットインする方式のため、その間のコントは編集も何もなく、中継されている時間帯だけ「塗りつぶされ」、中継が終わるとまたコントに戻るのです。「塗りつぶされた」部分は、当日はおろか翌週以降も改めて放映されませんので、当然、完成された一本のコントとして楽しむことは不可能です。

心血を注いで作ったコントがズタズタにされ、しかもそのことを放送当日まで知らされなかった松っちゃんは、当然のように憤りました。命を賭けて取り組んでいる番組が、こんなにも簡単に、野球に「負けて」しまうことの悔しさ、失望感もあったでしょう。

これがフジテレビとのトラブルに発展。やむなく『ごっつ』は打ち切りという形になったのです。

ただ、フジテレビには、この試合を放送しなければならない事情がありました。巨人戦に限定されますが、当時のプロ野球は毎回二〇％くらいの視聴率を稼ぐ人気プログラム。フジテレビはテレビ朝日とヤクルト戦の中継権を分け合っており、この時、編成部はスポーツ局から「優勝の瞬間を放送しないのなら、来年からヤクルト戦の放送権の大半はテレビ朝日にいくかもしれない」と言われていたのです。また、当時も今もフジテレビはヤクルトスワローズの株主ですから、会社として優勝の瞬間を放送しないわけにはいきません。

優勝決定戦が行われる一週間ほど前、僕は小須田に向かって、「もし『ごっつ』の放送日にぶつかったら、どう仕切る?」と質問していました。小須田の返事は、「今の時点で仮定の話を松本にしても仕方ありません。とりあえず見守りましょう」というもの。判断を棚上げにしたのです。

また、星野や佐藤さんが抜けたあとの比較的若い制作スタッフは、前述した「笑いに対する周囲の無理解」にストレスフルになっていた松ちゃんに、腫れ物に触るような感じで対応するのがやっとでした。「野球で番組が飛ぶかもしれません」とは、小須田でなくても言えなかったと思います。

実は松ちゃん自身も苦しくて苦しくてしょうがなかったはずです。松ちゃんは確かに笑いの天才ですし、彼の理想を貫くことができたら、おそらく『ごっつ』はもっと面白くなっていたでしょう。でも、彼の理想に現実がついていけなくなってしまったのです。

この事件の後、一九九八年から九九年にかけて、松ちゃんは撮り下ろしコント集『VISUALBUM』を発表します。この作品がテレビ用ではなく、松本のコントに金を出す意志のある「限られた理解者」に向けたビデオ用として企画されたこと、そのコントの作風が非常に実験的かつストイックに笑いを追及したものであったことは、当時の松ちゃんの気持ちをよく表していると思います。

『ごっつ』の終了が運命的なものだったとしても、フジテレビのお笑いバラエティにとって、この出来事は大きなマイナスになりました。連綿と受け継がれてきたコント中心のバラエティが、ここではほとんどなくなってしまったからです。

フジテレビで毎週コントをやっているのは、お笑いが本職ではないSMAPだけという異常事態。たまに志村けんさんが『バカ殿様』などの特番をやっていましたが、さんまさんやたけしさんといった大物タレントは、フジテレビからやや離れ、活躍の中心を他局に移していたのです。

ウッチャンナンチャンの『やるやら』に続き、ダウンタウンの『ごっつ』もまた、悲劇的な形でバラエティの歴史から姿を消しました。八〇年代から続く、コントを中心にした笑いのエネルギーは、ここで一旦、途切れたのです。

## いちばん辛い時、隣にいてくれた人

ここで少し寄り道をします。

僕は吉田正樹事務所という個人事務所の代表のほかに、もうひとつ別の肩書きを持っています。それが芸能プロダクション、ワタナベエンターテインメントの会長としての顔。社長を務めているのは僕の妻、渡辺ミキです。

芸能界の歴史に少しでも詳しい方なら、おそらくご存知でしょう。彼女は渡辺プロダクション、通称ナベプロを創業した渡辺晋・美佐夫妻の長女であり、同社の副社長でもあります。

芸能界を代表する老舗プロダクションの長女とフジテレビ社員が、どういう経緯で結婚することになったのか。そのあたりの事情は今まであまり口外したことがないのですが、本書は僕の履歴書であり、僕と妻はプライベートだけでなく仕事を通しても深いつながりがありますから、触れないわけにはいきません。出会いから結婚に至るまでの経緯を、率直に記しましょう。

フジテレビの看板番組のひとつに、毎年お正月に放送していた『新春かくし芸大会』がありました。四七年の歴史を誇る、この年末年始恒例の大型番組は、もともと一九六四年に渡辺プロダクションの制作でスタートしたものです。

僕はAD時代、何故かこの番組に参加する機会がなかったので、ミキとの接点は一九九二年までまったくありませんでした。出会いのきっかけは、一九九三年の元日に放送された『第30回新春スターかくし芸大会』。当時『やるやら』の制作でノリにのっていた僕は、たまたまこの番組の一演目を作ることになったのです。

そこで僕が企画したのは「かくし芸大会への道」。これはブルース・リーの映画『ドラゴンへの道』をモチーフにした演目で、芸能界に入ったアイドルが最初にやる簡単なかくし芸に始まり、売れてから挑戦する本格的なかくし芸、さらには番組の定番だった中国語劇やバトントワリングなど、かくし芸大会の全てをコンパクトに凝縮して見せた、いわばかくし芸大会全体の精神をパロディにしつつ、リスペクトする内容でした。
出演者はウッチャンナンチャン、ハナ肇さん、ちはるなど。僕は、ハナさんが銅像に扮して他の出演者にひどいことをされるかくし芸大会の名物「銅像コント」をどうしても入れたかったので、大御所のハナさんに無理を言って出演してもらったのです。

自分でもなかなかの出来だと思っていたところ、番組を観たミキもこの演目を気に入ってくれたようで、「あれを作った人にぜひ会いたい」と、彼女の方から僕に連絡がありました。個人的な興味というよりも、彼女は仕事のことが頭にあったのかもしれません。

伝統をリスペクトして魂を残しつつも、古いということを逆手に取って革新の笑いに仕立て上げる創造力が、「伝統ある番組の継承」という問題を常に考えていた彼女に響いたようでした。

当時のミキは渡辺プロダクションの取締役で、父の渡辺晋が一九八七年に他界した後、屋台骨を失った会社を立て直すべく、孤軍奮闘していました。ちょうど吉田栄作をプロデュースしていた頃で、必死で仕事に取り組んでいる時期だったのです。

女優としてミュージカルの舞台に立ったこともあるミキは、とてもチャーミングな女性でした。最初から不思議なくらい話が合うし、冗談も言い合える。口にこそ出しませんでしたが、お互いに通じ合う何かを感じていたのかもしれません。

僕が構えることなくミキと付き合えたのは、彼女の背後にある芸能ビジネスの世界をほとんど意識していなかったからだと思います。ナベプロと言えば、昭和三〇年代以降、国内芸能界ビジネスの礎を築いた老舗中の老舗プロダクション。ところが僕は入社以来、芸能プロダクションというものにとんと興味がありませんでした。数多くのタレントさんが出演するバラエティ番組を作ってきたにもかかわらず、です。芸人さんはともかく、ゲストとして出演してくれる歌手や俳優さんがどこのプロダクションに所属しているかも、ほとんど意識したことがありません。

一方の彼女は生まれた時から芸能界の一員なわけですが、僕といる時はそんな素振りをまったく見せませんでした。ごく普通の関係として、二人の時間を過ごすことができたのです。

愛情というにはまだ遠く、友情というには近すぎる。そんな二人の関係が変わったのは、一九九三年、『やるやら』での事故がきっかけでした。彼女はどうしたらいいかを僕に内緒で人に相談したり、神社へお参りに行ったりして、まるで自分のことのように僕のことを心配してくれたのです。

身近な相手が「事故の当事者」として社会的な責任を問われかねない状況になったのですから、彼女にとっては大変なショックだったはず。事故後の対応で疲労し、精神的にもボロボロになっている僕は、多忙を極めるミキにとって間違いなく「面倒な男」のはずです。別れることになっても仕方がなかったと思います。でも、ミキは僕の近くに居続けてくれました。彼女の存在が、あの頃の僕をどんなに勇気付けてくれたことか。

黄さんが亡くなって目の前が真っ暗になった時も、連日警察に呼ばれて厳しい取り調べを受けていた時も、彼女の姿だけは、僕の目の前から消えることがありませんでした。自分を見失いかけていたあの頃の僕にとって、ミキの存在だけが、希望の灯火のように思われたのです。

## 同志

事故が起こり、『やるやら』が打ち切りになった僕には仕事がありませんでしたから、ある時ミキと二人で北軽井沢へ行き、ミキの母所有の別荘で何をするでもなく、ただぼんやりと時間をやり過ごしていました。

この頃のミキは、僕のほかにもうひとつ、大きな心配事を抱えていました。渡辺プロダクションの大物タレントだったハナ肇さんが、ガンを患っていたのです。そして、その事実は本人には伏せられていました。

当時ハナさんは、一九九四年の一月から放送されるフジテレビのドラマ『夏子の酒』に出演するため、病気を抱えながら長期の撮影に臨んでいました。役どころは、お米を栽培する農家の老人・源さん。和久井映見さん演じる主人公の女性を助ける、重要な役回りです。撮影の初期はまだ元気だったのですが、不幸にも容体は急速に悪化し、最後まで撮影を続けられるかどうか危ぶまれる状況になったのです。

ハナさんの病状を考慮したドラマのプロデューサーは、ハナさんを外し、ほかの役者を立てて撮り直すという選択をしました。それを知った時のミキの落胆した様子を、僕は今でも忘れることができません。北軽井沢の別荘で深い悲しみに沈む彼女を前に、僕には慰めの言葉も見つかりませんでした。彼女はハナさんの直接の担当ではありませんでしたが、渡辺プロダクションの娘ですから、ハナさんとは極めて親しい間柄だったのです。彼女にとってハナさんは、子供の頃から傍にいる、父親にも似た存在。と同時に、渡辺晋・美佐の娘として、一マネージャーとして、全力で守る存在だったのでしょう。

僕には、ミキの気持ちが十分に理解できました。ハナさんはこのドラマを撮り終えられないかもしれない。しかし、最後まで役者でいさせてあげたい。それが彼女の願いでした。戦後のお笑い界をリードしたスターに、そして自分にとって大切な人に、最後まで役者人生を全うさせてあげたかったのです。

その思いを押さえきれなかった彼女は、思い切った行動に出ました。プロデューサーの元へ駆けつけ、ハナさんを降板させないようお願いすると言うのです。彼女を隣に乗せ、ただひたすら、東京のフジテレビへと車を走らせました。

なぜこんなことになるのだろう。自分だけでなく、なぜミキの人生にまでこんなに辛い出来事が降りかかるのだろう。会社の近くに停めた車の中で、僕は答えの出ない疑問を自分自身にぶつけていました。無慈悲で非情な運命。人がそこから逃れられないのは分かるけれど、この仕打ちはあまりにも酷ではないか。この辛さから抜け出す道が、どこにあるというのか。

フジテレビの入口から、ミキが戻って来ます。車に戻る前から、彼女は泣いていました。プロデューサーは何も分かってくれなかったと言って、肩を震わせながら号泣しています。願いは通じませんでした。

もし僕があのドラマのプロデューサーだったら、どうしていたでしょうか……。僕も制作部にいましたから、現場にそれぞれ固有の事情があることは分かります。それでも、この時だけはミキの願いを聞き入れてほしかった。

ハナさんの役者人生を尊重するという崇高な目的だけではありません。なぜなら、劇中の源さんは「命を賭して至高の米を作る」役回り。もし途中降板という最悪の状況になったとしても、ハナさんが演じる源さんは、後世にまで残る視聴者の共感を得られたことでしょう。

別荘へ戻る途中、車の中でミキはひと言も発しませんでした。悲しみを通り越し、絶望しているように見えます。僕は仕事という大切なものを失った。そして今、彼女は大切な人を失おうとしている。

この時、「自分たちは似ている」と思いました。

お互いに深い悲しみの底にいて、あてもなく彷徨っている。無慈悲で非情な人生に翻弄され、どうしたらいいのか見当もつかず、ただ途方に暮れている。

でも、もしかしたら、二人で力を合わせれば、一人では克服できなかったことを克服できるかもしれない。二人一緒なら、世の中に何か価値あるものを残せるかもしれない。

今、この暗闇の中でも、つないでいるお互いの手の温もりだけは確認できる。何もないと思っていた悲しみの底で見つけた、かすかな希望の光がここにある。

僕は車を停めて、こう言いました。

「色々なことを乗り越えられたら……絶対に乗り越えて、結婚しよう」

ハナ肇さんが亡くなったのは、それから間もない一九九三年の九月。そして僕たちは、九五年に結婚しました。

振り返ると、僕がかくし芸大会の演目を担当したこと、ハナ肇さんの出演にこだわったこと、ミキが僕に会いたいと言ってくれたこと、そしてハナさんがドラマの途中で降板されたこと。それらの全てが、運命のなせる業《わざ》だったような気がします。

僕とミキは、長く辛い時期を共に過ごした末に結ばれました。僕たちは、仕事のダイナミズムが最高潮に達するはずの三〇代という時期に、人が人生で経験する悲しみの多くを経験してしまったのかもしれません。

見えない敵に向かって共に戦い、共に支え合ってきた二人。だから僕たちは、夫婦であると同時に「同志」なのです。

フジテレビ調整室にて

第六章

# 裸一貫からの再出発――『笑う犬』の挑戦

## 今こそ、コントを

編成にやってきて四年目、僕は副部長になっていました。番組づくりの根幹をなす編成は、依然として迷走したままです。実は『ごっつええ感じ』が打ち切りになるのと相前後し、僕は二度にわたって大多さんにレポートを提出していました。

一本目のレポートは、「フジテレビは二大政党制である。お笑い班と音楽班でやるべきだ」という内容。二本目は一本目の修正版で、「お笑い班と音楽班という二大政党制ではバランスが悪いので、第三極を立てて〝三国志〟にしたい」という内容でした。

その第三極とは、「日テレが決して真似できないバラエティのフラッグシップ――コントである」と力説したのです。これこそ、着任早々の大多さんにかつて進言した三つの提案の三つ目、「『オレたちひょうきん族』につながるフジテレビのDNAを持った番組」。もう『電波少年』の裏で逃げ回る編成は沢山だ!という強い気持ちがほとばしっていました。

フジテレビのバラエティは、『SMAP×SMAP』と『めちゃ×2イケてるッ!』などという局地戦では勝てているが、総力戦で負けている。これはフラッグシップたる番組がないため。

三冠王を奪還するためには絶対にこういう番組が必要、というのが僕の主張でした。

ではなぜコントなのか？　タレントに頼らない企画勝負のバラエティが主流になりつつある中、あえてコントを掲げたのには二つの理由がありました。

九〇年代を通じてヒットしたフジテレビのバラエティに、一九九二年からスタートした『ボキャブラ天国』があります。フジテレビと一緒にこの番組を作っていたのはハウフルスという制作会社で、そこの社長を務める菅原正豊さんが、番組の総合演出を担当していました。ある日僕は、菅原さんに向かってこんな提案をしたのです。

「『ボキャブラ天国』は今ブームだから、受け皿になる次の番組を作ったほうがいいですよ」

お笑いの世界は、ブームが去った後、雨後のたけのこのように出てきたタレントがあっという間に淘汰されます。だから、ブームが続いているうちに、そこから出てきたタレントが腕を磨ける「受け皿」としての舞台を作り、一〇年、二〇年と仕事ができるタレントをそこで育てるべきだという考え方です。

漫才ブームの後には受け皿としての『オレたちひょうきん族』がありましたし、近年では

『爆笑レッドカーペット』で芽が出た若手を育てる『爆笑レッドシアター』という受け皿が用意されています。そしてこの二番組は、共にコントを中心にしたバラエティであることが共通しています。コントは演者の技術を確実に磨きますし、『ボキャブラ天国』で人気が出た若いタレントたちにも、そんな舞台が必要だと思ったのです。

菅原さんはバラエティの専門家ですから、僕の真意をすぐに汲み取ってくれました。ただ、意外だったのは彼の返事です。

「それをやるのは僕じゃない。君たちの仕事だよ」

僕は言葉に詰まりました。この人は自分にやれと言っている。でも僕は編成にいる身ですから、直接番組を作ることはできません。菅原さんの言葉が心に引っかかったまま、僕は自分の仕事に戻りました。

僕をコントに走らせたもうひとつの理由は、一九九七年の暮れに放送した、ある演芸番組の打ち上げの席での出来事です。その場にいたのは、ウッチャンナンチャン、キャイ〜ン、TIMといった、『ウッチャンナンチャンのウリナリ!!』（日本テレビ）のメンバーたち。僕は彼らに混じって一緒に飲んでいたのですが、どういう経緯からか、キャイ～ンのウドと、彼らの最初のマネージャーだった矢島秀夫さんが、ウッチャンにコントをやれと激しくけしかけたのです。矢島さんは業界でも有名な酒飲みでしたから、ウッチャンにつかみかからんばかりの勢いで絡んでいました。

なぜウドや矢島さんはあんなにもコントにこだわっていたのか。僕にはその理由がはっきりと分かりました。彼らが所属する浅井企画は、かつて萩本欽一さんを擁していた事務所であることからも分かるように、コントの重要性をどこよりも理解している芸能プロダクションです。言うまでもありませんが、萩本さんは坂上二郎さんとのコンビであるコント55号で、日本のテレビコントを創造した立役者です。

その彼らが、コントをやらない日テレのドキュメンタリー・バラエティで高い視聴率を取っているという皮肉――。おそらく、ウドと矢島さんには日テレ的なお笑いに対するアンチテーゼとして、誰かに本格的なコント番組を作ってほしいという願望があったのでしょう。その想いが、ウッチャンの心に響いたのかもしれません。

二人に絡まれたウッチャンは、僕たちの前で明言しました。

俺はコントをやる、と。

ウッチャンのこの言葉が、決定打になったような気がします。僕はこの時、今のフジテレビのバラエティに必要なのは、日テレ的なアプローチで作った企画番組ではなく、フジテレビの伝統芸であるコント番組であることを確信したのです。そして、それを一緒にできるのはウッチャンをおいてほかにいないことも。

この飲み会があった翌年、矢島さんは不幸にも、ガンで亡くなりました。まさにこの「コントをやれ！」という言葉が彼の遺言になってしまったのでした。

この二つの出来事が、本章冒頭に書いた二度目のレポートにつながるわけです。しかし問題はその先でした。「フラッグシップを作るため、今こそコントをやるべきだ」と大見得を切った僕に、大多さんは落ち着いた様子でこう問いただしたのです。

「いいけど、これ、誰がやるの？」

コントこそ、八〇年代的な発想で作るバラエティの最たるもの。下手をすると、今までと同じような玉砕パターンになりかねません。しかも制作の現場にいるのは、八〇年代的なコントの制作経験がほとんどない若手のディレクターとプロデューサーばかり。企画そのものがリスキーだし、それを引き受けるスタッフがいないだろうというわけです。となれば、結論はひとつしかありません。

「私がやります。次の異動で制作に戻してください」

身を賭しての発言でした。これで駄目だったら、制作では二度目の失敗になる。もう次はない。本当に会社に残れなくなるかもしれない。そんな不安が心をよぎりましたが、もう後には引けません。何とかなるという表情でいましたが、心の中は悲壮感でいっぱいでした。

ただその一方で、僕の中に「これもまた運命だ」という気持ちがあったことも確かです。『やるならやらねば!』での不幸な事故が起こったのは、一九九三年のこと。それから五年の歳月が経ちました。その間にミキと結婚し、毎年、黄さんの命日に香港に墓参りに行くうち、徐々に心の傷も癒えていたのです。

フジテレビはコントをやらなければならないと確信した時、僕は心の片隅で、自分がやってもいいと覚悟を決めていました。もっと言えば、自分の手で作らなければ意味がないとまで思っていたのです。

なぜなら、この番組は、僕が再びウッチャンとタッグを組む本格的なコント番組だから。そう、僕とウッチャンには、悲劇的な形で終わらざるを得なかった『やるやら』に対する、断ち切りがたい想いがあったのです。『やるやら』でできなかったことを新番組で受け継ぎ、さらにその先を見てみたい。僕にはそれが『やるやら』終了から五年を経て残された、宿題のように思われたのです。

ここから、僕とウッチャンとのリベンジが始まるのです。

## 君にスタッフはあげられない

一九九八年の秋、僕は第二制作部へ異動になりました。大多さんは本当に僕の提言を実現してくれたのです。当時の制作部を仕切っていたのは、井上信悟さんと佐藤義和さんです。演芸担当部長だった佐藤さんは『SMAP×SMAP』が好調だったこともあり、部内で大きな力を持っていました。

そこへやって来たのが『ひょうきん族』時代からなにかと因縁のある僕。しかも当たりそうもないコント番組を作るといって、編成から希望を出して舞い戻って来たという。異動してすぐ、僕は佐藤さんからこう言われました。

「吉田君、君にスタッフはあげられないよ。勝手に来たんだから」

番組を作りたいなら、外の会社に頼んでそこで人材を調達せよということでした。厳しい環境になることは予想していましたが、ここまではっきり通告されるとは。まさしく裸一貫からのスタートでした。

井上部長がサポートしてくれたのが救いでしたが、僕一人ではとても新番組を作れません。まずは力のある優秀なスタッフを揃える必要があります。僕が最初に声をかけたのは、誰あろう、あの星野淳一郎でした。

『ごっつ』の途中でフジテレビを離れた星野は、一時期、アドバイザーの立場で日テレの『ウリナリ!!』を手伝っていましたが、僕が声をかけた当時は番組を降りていて、テレビの仕事は何もしていませんでした。そして僕自身、星野とはこの五年ほど、一度も会っていなかったのです。

僕と星野は本当に不思議な関係で、盟友として堅い友情を抱くこともあれば、とてつもなく嫌悪する関係になることもあります。仲の悪い時にはスパッと関係を断ち切りますから、お互いに相手がどこで何をやっているのか、まったく知りません。でも仕事に関しては、ほかの誰よりもお互いの力量を認めていました。

星野は僕に対して、様々な思いがあったはずです。自分は腕一本でやってきたし、決して吉田には負けていないという自負。その一方で、吉田だけが共に戦ってきた者として自分の本当の力を認め、分かってくれているという信頼もあったと思います。だから星野を再びフジテレビに呼び戻した時、僕たちの関係はすぐに以前の空気に戻りました。

新番組を作るにあたっての僕の立場は、チーフプロデューサー。星野はコーポレート・プロデューサーとして、僕と一緒に番組の基盤づくりを担当します。では、肝心の演出を誰に任せるか。僕が選んだのは、『ごっつ』のディレクターとしてコントのセンスを磨いた小松純也でした。

それ以前の小松は深夜番組で非常に実験的な番組を手掛けており、社内では若手ナンバーワンの鬼才という評価を得ていました。時に理解不能でマニアックすぎると言われる番組を作ることもありましたが、僕は小松が、何かとんでもないものを持っていると思ったのです。また、『ごっつ』終了の経過は、小松にとっても志半ばであり、「笑いへの想い断ち切れず」といった魂のうずきがあったはずだと感じていました。

ただ当時の小松は『SMAP×SMAP』に参加しており、同時に『笑っていいとも!』木曜日のディレクターでもありましたから、木曜日収録であるこの新番組には、忙しくてなかなか時間が取れません。新番組は朝までかけて二本分を撮りますから、どうしても小松に代わって現場を指揮する人間が必要でした。結局、番組のスタート時は僕と星野が「ああしろこうしろ」と指示しながら作る形になりました。例えばショッキング・ブルーの名曲「ヴィーナス」を使った番組開始時のオープニングは、星野が発案したものです。

とは言え、僕と星野はあくまでも助言する立場に徹し、編集の現場までは行かないということに決めていました。僕がやりたくて始めた番組ですから、細部まで口は出します。けれど「決めない」こともまた自分の仕事とわきまえていました。

そして肝心の番組のタイトルです。『笑う犬の生活』に決めたのは、ほとんど神様のお告げのようなものでした。もちろん、チャップリンの映画『犬の生活』からです。一九一八年に製作されたこの作品は、飢えた子犬が「お前なんかいらない」と人間たちに冷たくされているところを、浮浪者であるチャップリンに助けられ、子犬がチャップリンの人生を助けていくというストーリー。「俺もお前も同じだな。一緒に生きていこう」という、犬と人間の友情がベースになっています。

僕は「コントなんか当たるわけがない」と周りからさんざん言われていましたから、雨の中で震えている犬が、コントというものの象徴に思えて仕方ありませんでした。人が手を出そうとしないので、打ちひしがれたまま捨て置かれている犬がコントなら、さしずめチャップリンの役は、ウッチャンと我々スタッフでしょうか。

僕は家に帰ってからも、時間をかけてタイトルについてじっくりと考えました。仮タイトルが『JAPAN大爆笑』だったこともあります。

最終的に『笑う犬の生活』に決めた時、ウッチャンに「これどう?」と尋ねたら、こんな答えが返ってきました。

「吉田さん、タイトルに〝やらねば〟って入れてください」

ウッチャンは、不本意のうちに終了した『やるやら』に対する自分の執念と、この時点では参加していない相方・ナンチャンへの感謝の気持ちを込めたかったのです。僕にはそのことがよく分かりました。

新番組の正式タイトルは、『笑う犬の生活 -YARANEVA!!-』に決まりました。

## 掛け算で番組を作る

一九九八年にスタートした『笑う犬の生活』の放送枠は、毎週水曜日の夜一一時。『笑う犬』はゴールデンの一時間番組という印象が強いですが、それは二年目の『笑う犬の冒険』から。最初はわずか二〇分の、純粋なスタジオコント番組だったのです。

演者さんはウッチャンのほかに、ネプチューンの三人（名倉潤、堀内健、原田泰造）と、オセロの中島知子、女優の遠山景織子。まだ若手だったネプチューンを起用したのは、僕なりの計算があったからでした。

当時のネプチューンは『ボキャブラ天国』でブレイクしたばかり。若者を中心に大変な人気があったのですが、コント演者としての実力はまだ発展途上でした。一方のウッチャンは、コント演者としては既に超一流でしたが、タレントとしての勢いは安定期に入りかけていました。僕はこの二つの要素を掛け合わせて、新しい時代のコントバラエティを作ろうと考えたのです。

ネプチューンの三人も、この話には最初から全力投球でした。お笑い芸人にとって、コントはやはり格別なもの。ビデオを見てスタジオでリアクションするのとは違いますし、海外へロケに行って日常をそのまま撮るのとも違います。コントは表現者としてのアイデンティティを求められますから、作品性が高い。芸人さんにとっては原点なのです。

正直に言って、僕はウッチャンだけだったら『笑う犬』の企画は通りがたかったと思っています。誤解を恐れず言うならば、フジテレビはネプチューンの起用によって企画に最終のGOサインを出したのです。実際、僕は会社の上司を、ネプチューンが出演していた新宿シアターアプルの舞台に連れて行き、彼らの勢いを自分の目で確かめてもらいました。観客は全員総立ち。熱気の度合いは、最近のお笑いブームで人気の若手芸人より凄かったほどです。

また、当時のウッチャンは、『ウリナリ!!』のポケットビスケッツやドーバー海峡横断企画などで世間の注目を大きく集めてはいたけれど、作り込んだコントをやりたいという夢からは、どんどん離れていくのが寂しかったのではないでしょうか。だからこのチャンスで、もう一度コントの現場に戻ってきた。当時ウッチャンは三四歳。身体が動くうちに、もう一度作り込むコントに挑戦したかったのだと思います。後にウッチャンは、ネプチューンに向かってこんなことを言っています。

「自分は三〇歳という一番いいときにコントができなかった。だからお前たちは一生懸命頑張れ。今やるんだ」

ナンチャンに声をかけなかったのは、当時のウッチャンナンチャンが複数の番組を抱えており、二人を同時に起用するのが困難だったからです。『ウリナリ!!』は依然続いていましたし、ウッチャンは『笑う犬』に、ナンチャンはちょうど同じ頃にTBSで始まったバラエティ番組、『ウンナンのホントコ！』に力を入れる形になりました。

女性二人のキャスティングも、意表を突いたものでした。以前からオセロが気になっていた僕は、ある時二人が出演している芝居を見に行き、その場で中島知子を使うことを決めたのです。なぜ松嶋尚美ではなく、中島だったのか。答えは、中島の芝居が下手だったからです。下手だったけれど、どこか心にぐっと来るものがありました。

笑いという視点だけで見ると松嶋のほうが面白いのですが、コントは演者自身が面白くても、観客が見て面白いとは限りません。重要なのは、役者としての能力。つまり役になりきれるかどうかということです。松嶋は何をやっても〝松嶋尚美〟としての面白さが先に立ってしまいますが、中島は何かの役が憑依すると、その人物になりきることができます。コントにおいて重要な「女優としての能力」があるのです。

遠山景織子の起用を推したのは小松です。『笑う犬の生活』を始める以前、小松は僕が編成時代に担当した『心の底見』という深夜番組で、原っぱの真ん中に遠山景織子を立たせ、爆発と共に消滅させてしまうという、まるでモンティ・パイソンのように不条理なシチュエーションを撮っていたのです。そんな関わりからの出演になったわけですが、あの不思議な透明感と天然キャラは、意外なほどコントに向いていました。


ウッチャンはもちろん、小松をはじめとするスタッフも本格的なスタジオコントを作ることに飢えていましたから、『笑う犬の生活』は、当初ネタで苦労することがほとんどなかったように思います。「小須田部長」(ウッチャンと原田泰造)、「トシとサチ　梅屋敷の若者のすべて」(堀内健と遠山景織子)、「てるとたいぞう」(ウッチャンと原田泰造)、「ミル姉さん」(ウッチャン)など、今もファンの間で語り継がれる伝説的なコントが次々と生み出されていきました。長寿シリーズになった人気コントも沢山あります。小松の、スタイリッシュである意味エッジの利いた演出の鬼才ぶりが、いい形で回転してきたのです。

コントという形式が時代に逆行していること以外にも、客観的に見て『笑う犬の生活』には、当たる要素がほとんどありませんでした。ニュース番組とかぶる平日夜一一時という時間帯、二〇分という中途半端な放送時間など。実際、始まった当初の視聴率は一桁台が続いていたのです。ところが、スタートから三ヵ月が経ち、直前に放送されるドラマが財前直見主演の『お水の花道』に変わってからは、みるみる数字が上がっていきました。ドラマの人気に引っ張られる形で、『笑う犬』の面白さに気付いた視聴者が増えていったのでしょう。以降は平均して一五％くらいは取れるようになり、それがコンスタントに続きました。

始めること自体が大きなリスクだった『笑う犬の生活』は、周囲の予想を裏切り、人気番組へと成長していったのです。

## 宇多田ヒカル『Automatic』の起用

『笑う犬の生活』は、番組のエンディング曲によってさらに大きな注目を集めることになります。それが、宇多田ヒカルのデビュー曲となった『Automatic』でした。

僕は『やるやら』をやっていた時、エンディングに山下久美子の『Tonight（星の降る夜に）』という曲を使っています。『ひょうきん族』の時に知り合った東芝ＥＭＩのプロモーション担当者が、僕が『やるやら』を担当している時に、「山下久美子が一〇年ぶりに復帰するので聞いてくれませんか？」と言って、新曲を持ってきたのです。僕は彼の仕事ぶりが好きで信用していましたから、早速、試聴してエンディングテーマに採用しました。

そして『笑う犬の生活』を始めるという時に、再び彼が姿を現したのです。「今度この子を担当することになりました。聴いてください」と言いながら差し出した曲が、宇多田ヒカルの『Automatic』だったのです。

それにしても、彼は僕が新しい番組をドン・キホーテ的に始める時に必ず来てくれます。なんだか不思議な縁を感じました。その時もOKを出したのですが、後からちゃんと聴いてみると、なんだか洋楽みたいな曲で、よく分かりません。それでも、まあいいかと軽く考えていました。

しかし『Automatic』は大ヒットし、二五〇〇万枚というとてつもないセールスを記録する楽曲になりました。宇多田ヒカルは一躍、歌姫となったのです。

その後、宇多田ヒカルからは、「いつも親子三人で『笑う犬の生活』を観ています」という、嬉しいメールが送られてきましたが、彼女との縁はまだ続きます。

一九九九年の六月、ひょんなことから火曜夜八時の枠が一時間だけ空くことになり、編成から『笑う犬の生活』のスペシャルをやらないかと打診されたのです。もちろん、断る理由はありません。この時のハイライトが、宇多田ヒカル本人の番組出演。しかも素の格好ではなく、わざわざ番組のマスコットキャラクターである「青い犬」の着ぐるみを着てもらっての出演です。宇多田人気が凄まじいものとなっていた中、滅多にマスコミに姿を見せない彼女の出演によって、番組は大きな話題になりました。

全てがうまく回転している。麻雀で言うところの「激ヅモ状態」です。僕の中には、とりあえず大きな仕事を成功させたという、安堵の気持ちがありました。できたらこの状態をもう少し長く続けていきたいと思ったのですが、そうは問屋が卸しません。番組開始から一年が経った頃、僕は当時の編成部長だった亀山千広さんから、『笑う犬』をフジテレビバラエティのフラッグシップにしてくれと頼まれたのです。

## 「鬼門」のゴールデンへ進出

亀山さんはかつて編成からドラマ制作へと移った人で、一九九八年に映画『踊る大捜査線』を大ヒットさせたやり手の人物。編成部には部長として復帰しており、一方の大多さんは再びドラマ部に異動して部長となっていました。

『笑う犬』をバラエティのフラッグシップにということは、つまり、番組をゴールデンへ持っていくという意味です。僕が制作に復帰して早一年。周囲からは「今時コントなんて成功するわけない」という目で見られながら結果を出したわけですから、その努力を認めてもらえたこと自体は確かに嬉しいことでした。でも、この提案にはさすがに頭を抱えました。

コントバラエティにとって一時間枠のゴールデンは、最高に名誉ある舞台です。と同時に、よほど注意して向き合わなくてはならない鬼門でもあります。ウッチャンと僕には、ゴールデンに移った『やるやら』で死ぬほど苦しんだ経験がありますから、亀山さんの話は非常に重いものでした。しかも、亀山さんから提示された枠は日曜日の夜八時。ここはかつて『ごっつ』が看板を張っていた枠です。ますます肩の荷が重くなりました。

一時間番組をすべてコントで作り込むのは至難の業。編成部時代に〝三国志〟を提唱し、フラッグシップ番組の必要性を訴えたのは誰あろう僕でしたが、いざ自分がとなると「断れるものなら断りたい」というのが本音でした。

でも、亀山さんの編成部長としてのジャッジにも説得力があります。フジテレビはバラエティもドラマも健闘していましたが、依然として日テレから年間視聴率三冠王の座を奪い返せずにいたからです。一刻も早くフラッグシップを作らないと、日テレに勝つことはできません。しかし夜一一時台の放送では、内容が良くてもフラッグシップになるのは無理。今こそ波に乗っている『笑う犬の生活』をゴールデンに昇格し、真正面から日テレのバラエティと勝負する時期でした。

再び燃え尽きるリスクはあるけれど、前に進むほかありません。大げさではなく、僕はフジテレビ、いやお笑い界を変えるつもりで、日曜八時の新番組『笑う犬の冒険 -SILLY GO LUCKY!-』の制作に着手したのです。

ゴールデンへ行くにあたり、第一の課題は、二〇分番組を純粋コントという内容のまま一時間にするという作業面での難しさでした。そんな例は、バラエティ制作の現場にもそうそうありませんが、演者さんとスタッフの血のにじむような努力によってなんとか解決できました。

第二の課題は演者です。まずナンチャンをどうするか。ウッチャンナンチャンというコンビにとって、ゴールデンに昇格した番組にこのまま彼が参加しない状態を続けるのは不自然ではないか。そもそも、ナンチャンはスケジュールの都合で参加できなかっただけで、要らないから外れていた訳ではありません。番組のことを考えたら、彼がいた方がうまくいくだろうし、ナンチャン自身もコントをしたい気持ちでいたはずです。

彼に『笑う犬の冒険』への参加を依頼すると、喜んで引き受けてくれました。ただ、収録に入ると本人は結構悩んでいたようです。演者の座組は既に完成されていましたから、それを壊さず中に入っていくにはどうしたらいいか……。人一倍、気遣い屋のナンチャンですから、現場でどれほどの気配りをしてくれたことでしょう。

ナンチャンの参加に伴い、新規加入が一人だけでは可哀想だから、もっと大きいユニットを組もうということになりました。それで仲間に入れたのが、ビビる（大木淳・大内登）です。なぜビビるなのかというと、理由は単純で、ウッチャンが大木のことを気に入っていたからです。大木がまだ売れていない頃、ウッチャンの家にやって来て、「自分は芸人になりたかった」と言いながらため息をついたというのです。

どういうことかというと、当時「芸人」として売れるためには、とにかく『電波少年』に出演して、旅に出たり、過酷なロケをこなさなければなりませんでした。しかし大木の考える芸人像とは、かつて数多の先輩たちが活躍したコントやバラエティで活躍するプロのコメディアン。しかしその席は芸人以外の人々に占有されていて、若手芸人の出番がほとんどない……。

僕は大木の、「今まで先輩たちがやってきたようなお笑い番組をどうしてもやりたい。そのために芸能界に入った」という心意気を買いました。それでビビるの参加を決めたのです。

また、芸能界の大先輩である谷啓さんも番組に参加してくださいました。『笑う犬の冒険』

視聴者にはおなじみの番組オープニング、出演者による大喜利のナビゲーターが谷啓さんです。ジャズっぽい音楽と笑いのセンスを僕たちに提供してくれました。

一九九九年一一月から約二年間にわたって続いた『笑う犬の冒険』は、シリーズを通して最も高い視聴率を獲得した番組になりました。この番組から生まれたのは、「パタヤビーチ」「ザ・センターマン」「アナウンサー学校」といった数多くの名物コントや、ボーカルユニットとしても大ブレイクする「はっぱ隊」など。何よりも番組自体の注目度が圧倒的に高く、小須田部長のイベントに大行列、本を出したら一九万部も売れ、インターネット上に掲示板を作ったらパンクになったほどの勢いを見せたのです。

この時期の『笑う犬』はまさしく破竹の勢い。テレビ番組の枠を越えて、ひとつのブランドにすらなりつつありました。

## 「ラフくん」誕生

ブランド化の象徴といえるのが、『笑う犬』シリーズに端を発し、今やフジテレビのマスコットキャラクターになった青い犬「ラフくん」でしょう。

第三章で、僕は番組という無形のもの以外、後世に何も残せないテレビマンの悲しみについて書きました。放送は文字どおり、「放」って「送」ったらそれで終わり。特に八〇年代から九〇年代にかけては、ビデオ化される作品はほんの一部。九〇年代後半に登場したDVDも当初はあまり普及していませんでした。毎週苦しんで番組を作っても、ほとんどが誰にも覚えられないまま消えてしまう運命にあったのです。

では番組が無理なら、番組以外のものを残すのはどうでしょう。もし番組を象徴するキャラクターが生まれれば、番組が終わったとしても、キャラクターは番組の記憶と共に永遠に残り続ける。大袈裟な例ですが、ミッキーマウスはそうして誕生から八〇年以上も残っています。

ある日、フジテレビ広報部を中心に「会社のキャラクターを作りたい」という相談がありました。『笑う犬の生活』立ち上げ時に作った青い犬をそのまま使いたいというのです。そこで、僕たちはその〝息子〟を作って提案しました。それが「ラフくん」です。

ラフくんの父親はDVDのジャケットなどでも見ることができますが、ラフくんと違ってサングラスをかけたやさぐれイメージ。実はこのキャラクターは小松が考えました。青い色も彼の指定です。小松は「人を拒絶する印象にしたい」と言っていました。小松自身はやさぐれてもいないし、人を拒絶したりもしませんが、自分とは違う生き物を傍に置いておくという発想が気に入っていたのでしょう。

しかし、愛されるフジテレビを象徴するキャラクターとしては、やはり足りません。それで生まれたのがラフくんです。ラフとはもちろん「笑い（laugh）」のこと。僕と星野が一緒になってデザインを考えました。二頭身で頭が大きく、誰が見ても可愛らしい。ぬいぐるみのセオリーをひとつも外していません。ラフくんはぬいぐるみ以外にもキーホルダーやステッカーなど様々なアイテムで商品化され、フジテレビのアンテナショップやイベント会場で販売されました。

僕が考えていたのは、ラフくんをバロメーターにして、視聴者がバラエティ番組に何を求めているのかを探れるかもしれないということでした。バラエティを作る時、深夜の時間帯で実験的なものを放送し、その反応を参考にして番組に手を入れ、浅い時間帯へ持っていくということをよくやります。キャラクター商品もそれと同じ。もし物販の反応から番組制作につながる有益な何かが得られたら、アンテナショップ自体が錬金術になると考えたのです。

『笑う犬』は、フジテレビのライツ部が創設されてから最初の表彰式で大賞に輝きました。ラフくんが、フジテレビの権利ビジネスにおける創成期を切り開いたわけです。そのおかげで、ラフくんは『笑う犬』という一番組を超えて、フジテレビというテレビ局を象徴するキャラクターになりました。

『笑う犬』という番組は終わりましたが、『笑う犬』は最も分かりやすい形で番組以外の財産を残すことができました。それがラフくんです。辛くて大変でしたが、『笑う犬』をやった成果はこんなところにもあったのです。

## やせ細る「犬」

思えば、『笑う犬の生活』と『笑う犬の冒険』の初期、つまり二〇〇〇年くらいまでが、『笑う犬』シリーズが最も輝いていた時期です。四〇歳になったこの年、僕自身も『誰やら』『やるやら』時代に続く、人生第二の「充実の時」を迎えていました。

しかし、その充実も長くは続きません。『やるやら』で嫌というほど味わったコント番組の宿命を、『笑う犬』もたどることになります。そう、アイデアの枯渇と演者さんやスタッフの疲労から来る番組全体の行き詰まりでした。

小松はシリーズ二〇〇一年の『笑う犬の発見 Go with flow!』あたりから作風がどんどん先

鋭化し、エッジの利きすぎたコントを作るようになります。一方で星野は、若いスタッフに異常に厳しくあたり、「もうあの人にはついていけません」と言われる始末。

そんな時、美術さんの目は正直です。番組がうまくいっている時、彼らはモニターの前に集まって、カメリハや本番のときも大笑いしています。ところが番組の凋落が始まった時から、彼らは自分の仕込みが終わったら、モニターの前に来なくなってしまいました。

考えた末、僕は二〇〇二年からのシリーズ四作目『笑う犬の情熱 Gonna go crazy! Funky Dogs』の頃に小松をプロデューサーとし、初期『笑う犬』のディレクターだった伊藤征章に現場を任せました。

でも、結果は芳しくありませんでした。ゲームを取り入れて一時は勢いを取り戻したかのようでしたが、古くからのコントファンからは「裏切られた」という声が高まってきたのです。

この頃、僕は『27時間テレビ』にも関わるようになります。これは、一九八七年から始まった『1億人のテレビ夢列島』から続く長時間生放送番組。九七年から「27時間」を番組名に謳うようになっていました。

二〇〇一年の『FNS ALLSTARS 27時間笑いの夢列島』では裏方として動いたのですが、結果は歴代最低の視聴率でした。それを受けた翌年の二〇〇二年、社内からこんな声が挙がってきたのです。

「笑いだけではダメだ。日テレが『24時間テレビ』にチャリティというテーマを設けているように、我々もメッセージ性を打ち出していくべきではないのか」

その結果、ドキュメンタリーや情報番組を作っている情報局とバラエティセンターが共同で『27時間テレビ』を作ることになったのです。それまで『27時間テレビ』はずっとバラエティセンターが制作してきましたから、これは会社にとって大きな方針転換と言えるでしょう。だけど、僕はこのコンセプトには反対でした。「真面目にふざけた」番組作りを信条とするフジテレビバラエティにメッセージ性など本当に必要なのか……。ですから、バラエティセンターから僕だけが呼ばれた制作会議の場でも、その方向性に大抵抗したのです。

しかし僕の抵抗で社の方針が覆るわけではありません。しかも、結局、大反対した僕が番組を担当することになりました。情報局側のパートナーは、『めざましテレビ』を作りあげた鈴木克明さん。僕は自分の気持ちを「社命による義務感」で押さえ込み、全力投球しました。

しかし視聴率は芳しいものではありませんでした。翌年も情報局との共同制作でしたが、やはり数字は奮わず……。

司会のみのもんたさんが「残念だ」と言った時、僕は涙が止まりませんでした。信条とは違ったけど、社命であると自分に納得させて頑張った。それなのに結果がついてこない。忸怩たる思い、ただその一言に尽きます。この時の涙は、一九八八年の『1億人のテレビ夢列島』とまったく違う種類のものでした。


ただ、振り返ってみると良かったこともあります。情報局と必死で一緒に頑張ったことで、相互理解が深まったのです。特に鈴木克明さんとは、同じ番組制作者として心を通じ合わせることができました。

情報局とバラエティセンターの信条の衝突は、ある意味で「宗教戦争」のようなものだと思います。メッセージ性を求める情報局と、娯楽性を追及するバラエティセンター。それぞれ信じる神様が違うだけで、抱く敬虔さに優劣はない。番組を作る上での真剣さは、完全に共通しているのです。互いの神様を尊重することが、大切なことなのです。


さて、二〇〇三年に入っても、『笑う犬』の状況は相変わらず厳しいままでした。

そんなある時、僕は編成部長になった鈴木克明さんに呼ばれました。要件は、失速している『笑う犬』を終了させてほしいというもの。大きなショックでしたが、彼がフジテレビの社命を背負い、苦渋の選択として僕に通達しているのがよく分かりました（後年、彼は編成局長常務取締役となり、本当の意味で会社を背負うことになります）。

また、『笑う犬』がボロボロの状態で続いているのは、かつて番組制作者だった鈴木さんとしても、耐えがたいものだったでしょう。『27時間テレビ』で共に汗を流した彼が今、会社のために頭を下げてきた。心が通じ合ったからこそ、言ってきた。僕はこれにNOと言うことはできませんでした。

二〇〇三年一二月。シリーズ最後の『笑う犬の太陽 THE SUNNY SIDE of Life』は、最後の放送を終えました。

今も時々思います。五年にわたって作り続けた『笑う犬』シリーズは、僕にとっていったい何だったのかと。コントの復権を願ってウッチャンや星野、小松と一緒にスタートさせ、短期間でバラエティのフラッグシップに育て上げた。多くのファンを獲得し、社内的な評価も上がった。でも結局コントバラエティの宿命には逆らえず、番組は内側から崩壊するような形で終焉を迎えた……。

始めた時は、確かにコントの番組でした。でも終盤は、何の番組でもなくなっていたような気がします。『やるやら』や『ごっつ』のように、アクシデントがあったから終わったわけではありません。その意味では、『笑う犬』は番組としての天寿を全うしたと言えるのかもしれません。

番組の終了と時を同じくして、僕は制作部の企画担当部長になりました。一つ一つの番組担当者ではなく、フジテレビのバラエティにおける企画の制作責任者になったわけです。

ここから再び「フォー・ザ・カンパニー」の気持ちで、全体のために力を尽くすことになったのでした……。

観覧席で高笑い

# 戦友内村光良〔ウッチャンナンチャン〕の証言

インタビュー・吉田正樹

内村光良（うちむら・てるよし）

1964年生。熊本より映画監督を目指して上京し、横浜放送映画専門学院（現日本映画学校）の演劇科に在籍中、漫才の授業で一緒だった南原清隆とコンビを結成する。この時、講師だった内海桂子・好江に勧められ、お笑いコンビ「ウッチャンナンチャン」としてマセキ芸能社に所属。1985年にデビューする。お笑い芸人や俳優としての活動ほか、2006年には映画『ピーナッツ』で監督・脚本・主演を務めた。コントに対する思い入れとこだわりの強さは、お笑い界随一。〝平成のコント師〟の異名を持つ

## 『誰やら』はプレッシャーが大きかった

**吉田**　あなたに対する僕の印象を始めに言っておきます。仕事をやろうよと言うと、いつも〝食い気味〟に「やる」と答える人ですよね。

**内村**　ははは（笑）、そうそう。言い終わるか終わらないかのうちにね。まあ『夢で逢えたら』の時は選択の余地がなくて、もう決まってたって感じでしたけど。

**吉田**　中でも、特に『笑う犬の生活』の時は、一も二もなく「やる」と。カラオケ屋に行ったこと、覚えていますか？

**内村**　覚えてます。『笑う犬』はそう、はっきり覚えています。

**吉田**　キャイ〜ンのウドが酔っ払って、「うーい、内村ぁ、やらなくちゃだめだよぉ」と絡んできた。で、当時彼らのマネージャーだった矢島さんが輪をかけて酔っ払ってて、「なんでやんないんだよ、この野郎！」と当たり散らしたので、ウッチャンは「やりますから許してください」って（笑）。

**内村**　打ち上げの席でしたよね。その時、ネプチューンはいなかったのかな？

**吉田**　いなかった。あなたは珍しく二次会に行くと言ったんだよ。いつもは帰るのにね（笑）。なんであの時に限ってカラオケに来たの？　酔ってた？

**内村**　わかんないです（笑）。でも酔ってましたね、完全に。ただ、あそこで言ったことは覚えてます。「コントをやりたい」と、はっきり言いました。当時は久しくスタジオコントをやってなかったからですね。日テレの『ウッチャンナンチャンのウリナリ!!』では、客前でわずかにやっていたんですけど。あれで何とかストレス解消していたというか……。

**吉田**　あれはウッチャンのわがままでやったんでしょ。「これをやらせてくれなきゃ、ドーバー海峡で泳がない」とかなんとか（笑）。

**内村**　ははは。そこまでは言ってませんよ。でも五分でいいからやらせてくれと、ツッチー（日本テレビの土屋敏男プロデューサー）に頼みました。やらせてくれたらほかも頑張るからと。でも、心の中でずっと『夢逢え』『やるならやらねば！』のようなスタジオコントをもう一度やりたいと思ってた。

**吉田**　僕はね、その時の内村光良は珍しく主張してたと思うんです。だって元来は、あまり自分から「あれやりたい、これやりたい」と言わない人じゃないですか。『笑う犬』でも、スタッフの言うことを聞いて、みんながやりたいことを自分はちゃんとやる、そういう姿勢だった。

**内村**　やっぱり溜まってたんでしょうね。ほかの誰でもなく吉田さんに言ったのは、他局じゃなくてフジテレビでやりたかったからなんですよ。フジテレビはスタジオコントをやらせてくれるから、あそこで何とかできないものかと思っていたら、うまい具合に吉田さんが来て、これ幸いと（笑）。当時フジテレビではレギュラーがなかったので、ちょっと疎遠になってたところで。

**吉田**　振り返ると、『誰やら』は最初、『火曜ワイドスペシャル』（ワイスペ）枠で進んでた。あの番組は僕らにとってもすごく冒険でしたね。始まる前、ウッチャンに「誰をやりたい？」と聞いたら、ジャッキー・チェンだと言う。窓ガラスをバーンと割って入ってくる、それをやりたいんだと（笑）。最初はそういうアバウトな感じだったんです。

**内村**　そうそう。だからすごく乗ってた。やっとアクションとかコメディができる。しかも、一時間半も！と思って。

**吉田**　『誰やら』『笑っていいとも！』の時にスタジオアルタでウッチャンとよく話したよね。「やる？」と。その後、麻布十番のバーで説明したら、立ち上がって「それなら辞める」と言い出した。

**内村**　それははっきり覚えてます。生放送なんて聞いてない。ずっと、コントのような「作りもの」だと思っていましたから。それが毎週、生放送だなんてね。私は生放送が苦手なんで、それじゃあ話が違うぞと。

**吉田**　僕が作り込みをすると説得し、それであなたは席に座り直した。「ちゃんとやってくれるならやる」と言ってね。

**内村**　『誰やら』はプレッシャーが大きかったですね。毎回とにかくガムシャラで、必死でした。

## 『やるやら』があったから『笑う犬』ができた

**吉田**　僕と最初に会った時のこと、覚えていますか？

**内村**　『夢逢え』の打ち合わせでしたっけ。

**吉田**　『冗談画報』の二回目の出演の時だよ。

**内村**　ああ、吉田さんが初めてディレクターになった時だ。あの時の吉田さん、インカムを付け忘れてたんだよね。スタジオと応答できなくて大慌て（笑）。

**吉田**　そうでした（笑）。『夢逢え』は楽しかったですか？

**内村**　そりゃもう。二本撮りで夜中まで撮ってましたけど、あそこでコントをできることが、本当に楽しかった。

**吉田**　『夢逢え』でのウッチャンと言えば、「村さん」かな。

**内村**　そうですね。あれが世間に浸透した私のキャラクターものの最初ですね。

**吉田**　以降、なぜかジジイキャラを好きになっていく。

**内村**　そうそう。私、バアさんキャラで成功したことがないんです。何回か挑戦したんですけど、全部失敗してる。ジイさんはヒットがあるんですけどね。

**吉田**　あの頃、ダウンタウンをどう思っていました？

**内村**　ただもう、すごいと思ってましたよ。仕切る浜ちゃんとボケる松ちゃんという具合に、二人の役割がハッキリしていて。あの時から形は完成されていましたね。我々はそういうのなかったですから。明確に役割が分かれていないから、波があるんですよ、ウンナンは。

**吉田**　二人ともボケが好きだったからね。両ボケなのに、よく番組が作れたなぁ（笑）。ところで、ディレクターだった吉田正樹に不安はなかったですか？

**内村**　星野さんとのバランスがうまく取れてましたね。両輪がうまく回っていたという印象。

**吉田**　と言うと？

**内村**　星野さんはディレクター気質に富んだ人、吉田さんは方向付けが優れている人。特にそれを思ったのは、『笑う犬』の「引越し」というコントを見た吉田さんが、「続けよう」と決めた時ですね。あれがあのまま終わってたら、後の小須田部長シリーズは生まれていなかったと思う。舵取りがうまいと言うか、プロデューサー的感覚なんでしょうね。「これは続けていこう」とか、「これはもういいや、芽が出ないから」（笑）とかいった見極め。嗅覚がある。

**吉田** 『やるやら』で土八に行く時、星野がやらなかったから、片岡飛鳥と栗原美和子が加わった。当時は大丈夫かという感じだったんですけど。どう思っていましたか、心の中では。

**内村** 『誰やら』の時から飛鳥はチーフADとして非常に頼りになってたんですよ。キャラクターものをやる時なんか、本番前に裏で合わせるんですけど、その時チーフADとしての見事な助け舟があって。いずれディレクターになるんだろうなと思っていました。

**吉田** 『やるやら』では、飛鳥とやったパロディドラマが多かったね。

**内村** 『101回目のプロポーズ』ね。あの時はっきり覚えているのは、浅野温子役の南原と飛鳥が二人でビデオを何回も何回も巻き戻して、すっごく練習してたんですよ。一方の私は武田鉄矢役だけど、前からやってるからちょっと見ればできるだろって（笑）。あれはよく覚えていますね。南原と飛鳥は、練習でもいつも本番みたいな感じで。

**吉田** ウッチャンは、自分でキャラクターを考えてくるよね。いろんなキャラを、ある程度家で作ってくる。ちょっと作家的なところがある。だからウッチャンはすごく考え込む人。一方のナンチャンは……。

**内村** 南原は現場での練習が、ほんとに好きですよね。

**吉田** そう。いつまでも練習ばかりしている。

**内村** 私は時間気にしながらチャッチャカ、チャッチャカやるじゃないですか。押しているから私が巻いてやろうと思うんです。現場に行ったらせっかちですよ。対照的に、南原はえらい練習をする。

**吉田**　でも、家で考えてこない（笑）。
**内村**　あははは。
**吉田**　ナンチャンは現場主義者なんですよ。演出指示に対して、その場で結構意見を言う。で、その勢いのまま本番に挑んで面白くなる。
**内村**　そうですね。
**吉田**　星野と僕と飛鳥、三人のやり方の違いもあると思うけどね。本番に行く前に、僕は「見えた？　なら本番いこう」。星野は「じゃあ、オチのとこだけ聞かせて」。飛鳥は「じゃあ全部通しでやってみよう！」（笑）。作り込みから参加したいんだよね、飛鳥は。
**内村**　演出家さんによってだいぶ違いますからね。
**吉田**　栗原は？
**内村**　栗原は……何でしょうね。いつも私の愛人みたいな感じで現場にいるんです（笑）。『笑っていいとも！』の時にね、私が大勢のギャラリーの前を通過する時にもピッタリ寄り添ってるもんだから、「あの人、誰？　何なの？」って言われてた（笑）。その後ドラマでお世話になるとはまったく思ってなかったですけど（笑）。
**吉田**　『やるやら』は、すごくお金をかけて作った番組でしたね。
**内村**　一番お金が使えた時代ですよ。あの感覚が忘れられなかったから、『笑う犬』をやったのかもしれない。あれがそんなにいい経験じゃなかったら、たぶん『笑う犬』をやってない。
**吉田**　『やるやら』はああいう形で終わったからね。悲しい記憶なんだけど、番組にまだ力があって、やる気もあって。そういう形で終わったので、「またやりたいなあ」という想いが持続したんだと思う。
**内村**　そうでしょうね。『やるやら』って、三年やってないんですよね。『笑う犬』は五年やってますから。燃焼し尽くしてなかったので、『笑う犬』につながったんだと思います。体も動いていたし。

**吉田**　まさか出川哲朗がこんなに長く芸能界にいて活躍しているとはね（笑）。あの頃は誰も想像できなかった。

**内村**　そうですね。吉田さん、ほんとに出川を説教してましたね（笑）。酒飲んでは出川を呼び出して、延々と説教。

**吉田**　あの頃、哲ちゃんは芸がなかったから。素人みたいな感覚でウッチャンに甘えていたわけ。仕事なんだから、仕事らしくしろと。マネージャー（マセキ芸能社・田村マネージャー）も教育した。マネージャーとは何をする人かと。それで今、業界でも有数の敏腕マネージャーに育て上げたんだよ。

**内村**　あははは、そうですね。出川君もあれから比べると大きくなりました。

**吉田**　ウッチャンにはあまり説教したことがない。僕は文句言ったことないでしょ？

**内村**　そう言えばないですね。

**吉田**　ウッチャンも、僕にあまり文句を言わない。

**内村**　そうですね、『誰やら』の生放送の件くらい（笑）。

**吉田**　あなたは優しいから、あそこがやれというならやろうかとか、スタッフがここまでやってくれるからやろうかとか考える。

**内村**　でも、やらない時もありますよ。どうしても駄目な時もある。吉田さんとの仕事ではないけど、ほかではあるんですよ。

**吉田**　個人的には、ウッチャンはもっと我々のオーダーを断ってくれたらいいのになあと思っていた。ほら、見えないときってみんな迷走するでしょ。こっちも不安だから、ウッチャンがやりたくないと言ってくれたほうが楽だったんです。大丈夫だからと言われるのも、なかなか辛いものがあるよ。

**内村**　どうなんですかねえ。『笑う犬』の後半は自分も悩んでいましたからね。どうすりゃいいのかと。確かにゲームやったらちょっと視聴率が上がったけど、果たしてそれでいいものかという葛藤があった。

## 『夢逢え』『誰やら』で〝甘い蜜〟を吸っちゃった

**吉田**　『笑う犬』を始める前、志村けんさんが「コントをやれ」と言ったのは本当なの？

**内村**　「続けなさいよ」と言ってくれましたし。でも、後で聞いたら志村さんは「覚えてない」って（笑）。

**吉田**　初期の『笑う犬』は勢いがあったね。

**内村**　出演者の座組が良かったですよね、『笑う犬』は。特にネプチューンの存在が大きかった。そして中島と景織子ちゃんのバランスの良さ。

**吉田**　最初は（原田）泰造とだったよね。ちゃんとした芝居だった。

**内村**　そう、「てるとたいぞう」。同性愛の刑事の話（笑）。「小須田部長」も泰造との絡みですね。

**吉田**　で、最後までホリケン（堀内健）が難関だった。

**内村**　健ねえ。でも、健とここまでやるとは思いませんでしたね。「パタヤビーチ」なんて、よくあれを続けられたなあ（笑）。あれは二人で一日リハしていましたから。

**吉田**　健とやったお笑いコンビシリーズの「甲州街道」もすごかった。

**内村**　あんな意味不明のものがよく成立したなあと思う（笑）。

**吉田**　『笑う犬』の初期は、とても幸せな時代だったよね。

**内村**　反動でしょうね。五年くらいスタジオコントをやってなかった反動で、次から次にアイデアが出てきた。やっぱり溜まっていたから、あれだけたくさん生まれたんじゃないでしょうか。

**吉田**　でも『笑う犬の冒険』が終わった頃って、最高に悩んでたね。

**内村**　そうですね。ディレクターだった小松ちゃん（小松純也）が主力じゃなくなった頃から、だいぶ苦労しました。小松ちゃんとはいいコンビでしたよ。初めの頃はずいぶん頑張ってくれました。感謝してます。

**吉田**　今はどうですか？

**内村**　今は年に一回、『笑う犬』スペシャルでやらせてもらってます。このくらいのペースでいいかなあと。これが毎週となると、やっぱ駄目になるんだろうし。

**吉田**　作り手が大変なんだよ。どうしても枯れていく。さすがの小松も二年くらいで空っぽになったからね。

**内村**　ほかのレギュラーを離脱してそれに賭けるくらいでないと、質のいいものを毎週やるのは無理ですね。

**吉田**　改めて聞きますけど、ウッチャンはどうしてそんなにコントが好きなの？

**内村**　うーん、何でしょうね。

**吉田**　僕は〝コント餓鬼道〟と名付けてるんだけど。あなたは道に落ちているコントでも拾って食うみたいなところがあるでしょ（笑）。とにかくコント食わしときゃ大丈夫な男。

**内村**　あははは。自分では分からないですね。そこが一番得意分野だと思ってるからじゃないですか。

**吉田**　もともとは監督になりたかったんでしょう？

**内村**　ええ。でもやっぱり『夢逢え』と『誰やら』のせいかな。このふたつの番組で甘い蜜を吸っちゃった。ここまでできるんだ、やっていいんだということを、若い時に知ってしまったから。

**吉田**　ウッチャン、憧れていた人がいたよね。

**内村**　ドリフターズです。最初は加藤茶さん。荒井注さんも好きだった。

**吉田**　全然、作り込みの人じゃない（笑）。

**内村**　でも大笑いしてましたよ。まだモノクロだったんじゃないですかね。

**吉田**　そんな時代じゃないでしょ。

**内村**　え？　うち貧乏だったのかな（笑）。熊本では、テレビは二局しか映らなかったんです。だからやっぱり、ドリフと欽ちゃんに尽きます。他にも色んな人が好きだったけど、「この人みたいになりたい」というのはなかったかな。最近うちの母ちゃんに聞いたら、学校で刺繍をする授業があって、私、せんだみつおさんを刺繍してたらしいです（笑）。

## 人間嫌いじゃない。あがるんですよ

**吉田**　ウッチャンは佐藤義和さんのことはどう思ってたの？

**内村**　杜甫とか李白みたいな人だなと（笑）。なんか飄々としてて、ひょうたんから酒飲んでいるイメージ。完全にプロデューサーの人でしたもん。私は佐藤さんのディレクター時代を見てませんから。そんなにずっと現場にいるわけでもないし。プロデューサーとはこういう立場の人なんだと、最初に感じた人でしたね。

**吉田**　でも『笑う犬』の最初の頃、僕はプロデューサーだったけど、ずっと現場にいたよ。

**内村**　佐藤さんはある程度の距離感を持って番組に参加していた方でしたね。ただ、うちらをすごく引き立ててくれた。その意味では感謝しています。逆に吉田さんとは、共に戦ってきたという感じの方が強い。プロデューサーとかディレクターとかとの関係じゃなく、一緒に番組を作ってきたという、仲間意識に近い感覚。

**吉田**　僕とやってて、ここはちょっとやりづらかったとか、実は嫌だったことは？

**内村**　……うーん、ひとつだけ。『誰やら』で原田知世ちゃんに卓球のコスチュームを着させる時、ブルマを履かせるということになって、吉田さんの交渉が難航したらしく、吉田さんが「ウッチャン、何とかして」と私に泣きついてきたこと（笑）。

**吉田**　あれは彼女にまともに意味を聞かれたの。「こういうセリフを言ったら、急に卓球のシーンになって打ち返す」というシナリオだと説明すると、知世ちゃんは「面白いけど、私、意味が分かりません」と。「それはね。こうこうなんだけど……ウッチャ～ン！ ちょっと説明して～」。

**内村**　結局、私が知世ちゃんのところに行って、「コメディとはこういう心理でございまして」と説明した（笑）。知世ちゃんは半年間レギュラーでやってくれて。よく引き受けてくれましたよね。感謝してます。あんな夜中までよく付き合ってくれて。

**吉田**　僕がお手上げになったのはそれだけだよね？

**内村**　ええ、後にも先にも。そう言えば吉田さん、特撮ものはノリノリでやってましたねえ。特に『スター・ウォーズ』はすごく好きみたいで。端から見てても、本人がノッてやっているなということがよく分かるんです。演者よりもディレクターが前面に出てきてた。

**吉田**　『スター・ウォーズ』好きなんですよ。あとは時代劇かな。

**内村**　時代劇はセットが豪華でしたね。風吹かせたりして、凝るときはえらい凝るんですよ。でも雑なときはすごい雑（笑）。僕がいちばん嬉しかったのは、初めて『やるやら』で視聴率二〇%を取った、『がんばれベアーズ』のパロディをやった時ね。四日間くらいロケを続けて。桜井幸子ちゃんがヒロインのピッチャー役で。あれはかなり力が入った作品でしたね。実際、数字も付いてきた。だからものすごく嬉しかったです。

**吉田**　あれ、ロケ場所の野球場が遠かったよね。朝早くから行って、七時くらいから撮影を始めた。カット撮りだから、撮っても撮っても終わらない。投げては打って、打っては走って。まるで映画を撮ってるようだった。

**内村**　そうそう。今観てもすごくこだわって撮っている。

**吉田**　頑張ってたよね、あの頃のウッチャンは。なんと言っても若いし。

**内村**　二六歳くらいですよ。

**吉田**　『THE THREE THEATER』や『爆笑レッドシアター』の若手より若かったんだよね、当時。『爆笑レッドシアター』をやってて、自分の若い頃を思い出したりしますか？

**内村**　しますします。でもお客さんの「キャー」の種類が違いますね。出ていった時のキャーが、今の若手は本気の「キャー」だけど、こっちはお父さんがやってきましたあ～というような、温かい歓声（笑）。

**吉田**　僕は、ウッチャンがこんなに人を育てたり、社交的になるなんて夢にも思っていなかった。昔のあなたは、酒も飲まないし若手の面倒も見ない。先輩にはついていかない。飯は王将のチャーハンと餃子でいい、という人だった。

**内村**　確かに（笑）。

**吉田**　番組にゲストが来ても、ウッチャンナンチャンは一言も喋らない。少しくらい喋ったらいいのに、二人とも何も喋らなかったでしょ。こっちはドキドキしますよ。話を盛り上げてくれたら楽なのに。仕方ないから僕や栗原が、「最近どうなんですか？」と振ったりして。どうしてここまで変われたの？

**内村**　うーん、どうしてでしょうねえ。それだけ年を取ったってことでしょうか。でも、いまだに人見知りはしますよ。『爆笑レッドシアター』で初めて会うゲストの方に、何を話していいのか分からない。ただね、人間嫌いじゃないんです。あがるんですよ。だから、改変期の番組祭りみたいなのは本当に苦手。芸能人が多すぎて、すごく緊張する。ああいう番組で活躍した記憶がないんです。

**吉田**　お酒を飲めるようになったのはいつ頃から？

**内村**　三〇代になってからですね。二〇代の頃は缶ビール一本で十分でした。『ウリナリ!!』のロケ終わりから飲むようになりましたね。まあ、血筋かもしれません。実家が酒屋ですから。

## きらびやかなんですよ、フジテレビは

**吉田**　小さい頃のウッチャンにとって、フジテレビはどんな局でした？

**内村**　『8時だョ！全員集合』のせいか、子供の頃に親しんだのはどちらかと言えばTBSの方かな。高校生の時に『オレたちひょうきん族』が始

まって、それからはフジテレビの印象が強くなりました。

**吉田**　この世界に入った頃に仕事をしてたフジテレビは？

**内村**　もう完全に、社屋があった新宿区河田町のイメージですよ。『夢逢え』も『誰やら』も『やるやら』も、全部河田町のスタジオで撮ってて、週五日くらい電車で通ってた時期がありましたね。ほかの仕事は日テレとニッポン放送があったけど、そんなに多くなかった。

**吉田**　他局と比較すると？

**内村**　派手というか、きらびやかな印象ですね、フジテレビは。だから『オールナイトフジ』に出させてもらった時、駄目だったんですよ。あがっちゃうから。芸能人が多すぎて（笑）。スターが沢山いて、完全に萎縮してしまった。

**吉田**　そんなに？

**内村**　『笑っていいとも！』も緊張しましたよ。タモリさんがいたし。だって、熊本の田舎者が東京に出てきて、いきなりあんな大きな番組に毎週出るようになったんですよ。信じられませんよ。高校生の時、熊本で観ていたテレビに自分がレギュラーで出てるなんて、すごいことですからね。もう、心底ビビリました。で、その時のディレクターが吉田さん。

**吉田**　そんなウッチャンから見て、フジテレビの吉田正樹はどういう存在でしょう。

**内村**　自分を拾ってくださった、ありがたき恩人ですよ。『冗談画報』から始まって、『夢逢え』『誰やら』『やるやら』と、ずっと使っていただいた。『笑う犬』の時も、自分がやると決めたら、編成部を辞めて制作に戻ってきてくれて。ポイントポイントで常に自分を拾ってくださって、心から感謝しております。

吉田　本当？？？

内村　本当ですよ！『爆笑レッドシアター』もそうですからね。演出を担当している藪木健太郎君は『笑う犬』のADでしたから、こうして考えると全て吉田さんとつながってる。不思議ですよねえ……。縁なのかな。でも私とのこういうつながりって、テレビ界の中でも吉田さん含め数名くらいじゃないかな。局員では珍しいと思いますよ。

吉田　フジテレビ内に吉田の遺伝子を感じたりはしますか？

内村　藪木君はクオリティをすごく大切にしてますよね。今、『爆笑レッドシアター』の若い子たちは猛烈に忙しいじゃないですか。だから本人たちも分かるんです。だんだん疲弊していって、ネタ切れして、クオリティが下がっていくのが。それを藪木君は分かっていて、ちゃんと守っていこうとしている。吉田さんが、かつてそうだったように。

吉田　片岡飛鳥も自分の流派を立てて出て行ったしね。

内村　そう、自分の色を出してますね。のれん分けしたラーメン屋みたいだけど（笑）。本店の吉田班で修行をして、自分の店を持ったら少し違う味を出すみたいな。独自に味を変えていってますね。

吉田　僕は『爆笑レッドシアター』が始まった二〇〇九年にフジテレビを辞めてるんだけど、僕が辞めたことをどのように受け止めてますか？

内村　うん……。びっくりしたのと、なるほどと思うのと、半々ですね。なるほどというのはですね、ご結婚されてから、だいぶこのー、なんと言うか、なるべくしてこうなったんだろうなという。

吉田　妙な納得感があると。

内村　はい。ただテレビ局の人は、吉田さんみたいな「退職」よりも、「転職」された時の方が驚きますね。

## 芝居の途中から涙があふれそうに

**吉田**　人生のピークは『誰やら』の時でしょ。お金いっぱい使ったし。

**内村**　私の人生のピークですか？　そうなのかなあ（笑）

**吉田**　じゃあ、ドーバー海峡を渡り切った時？

**内村**　それも確かにひとつのピークでした。あれは今でも、仕事を超えた大きな財産になってます。フジテレビのお仕事で言ったら、やっぱり『やるやら』のマモー・ミモーかな。千葉マリンスタジアムに人を集めた時、びっくりしたんですよ。お客さんが三千人もいて、上空にヘリコプターまで飛んでる。マモー・ミモーでこんなに人を集められるんだと思った時、確かにピークを感じた。『笑う犬』もそうでしたね。いろいろイベントをやって、箱根彫刻の森美術館に四千人も集めた。

**吉田**　『笑う犬』では渋谷のパルコにも行ってもらったよね。七階でやった時に、一階まで長い行列ができてた。これはいけると思ったら、『バッファロー'66』っていうヴィンセント・ギャロの映画に並んでる列だったという（笑）。

**内村**　あのあたりがピークでしたね。

**吉田**　一九八九年に『夢逢え』の全国放送が始まって、一〇年後の一九九九年に『笑う犬の冒険』が始まった。だから二〇〇九年にウッチャンは、何かをやらなければならない運命にあったんです。それが『爆笑レッドシアター』であったと。

**内村**　幸せだと思ってます。

**吉田**　でも今はまだピークではない？

**内村**　ええ、まだです。でもこれからどうなるんでしょうね。

**吉田**　これから？

**内村**　最近、東野幸治に会ったら、「内村さん、これからどうするんですか？」とまじまじ聞かれたんです。今、私の娘は〇歳ですけど、彼女が二〇歳になる時、私は六五歳なんですよ。それを東野が聞いて、「どうしはるんですか、その時。喜劇俳優にでもなるんですか？」だって。なれたら幸せですけどね。ホント読めないですよ。何やってるのか。

**吉田**　映画監督はもうやっちゃったしね。またやるつもりはあるの？

**内村**　それはスポンサーさんが付くか付かないかによりますね。あと、六五歳で司会はないだろうと思っていますし。

**吉田**　でもほら、タモリさんとか。

**内村**　タモリさんは別格ですよ！　何かやっていたいなとは思うんですけど。

**吉田**　子供ができて人生が変わった？　時間の計り方というか。この子が大人になったら自分は何してるんだろうと。今まで、そういう発想はなかったでしょう。

**内村**　確かに。ひとつ決めてるのは、子供に物心が付いたら、私の過去の映像を観せるのだけはやめようと思ってるんですよ（笑）。仕事がなくなっちゃった時に、お父さんの過去の栄光を見せるのだけはね。それまでは何とか頑張りますよ。

**吉田**　娘が大きくなるまで働くんだね。

**内村**　働きますよ〜。あと、幼稚園の運動会で負けないようにしたい（笑）。ほかのお父さんより私は年上ですから。そこはちょっと頑張ろうかなと。

**吉田**　ウッチャン、お笑い人生で一番楽しかったことは何？

**内村**　いろいろありますけど、何だろうなあ。まあでも、恵まれていましたね。デビュー当時は今みたいに競争が激しくなくて、お笑いを目指す人が少なかった。どこへ営業に行っても、いるのはいつもダチョウ倶楽部とピンクの電話（笑）。今は大変じゃないですか、とにかく芸人さんの数が多いから。特に楽しかったのは、フジテレビ第六スタジオのセットが豪華だったことかな。こんなセットを独り占めできるんだという喜び。

**吉田**　お金使えた時代だったからね。

**内村**　そうそう、思い出した。『笑う犬』に「小須田部長のナイアガラ編」というのがあって、あの時、初めて泣きそうになったんですよ。芝居の途中から涙があふれそうになってきた。タライで滝に落ちたというくだらない設定なのに、泰造に引き上げられた時、ホント、泣きそうになった。それはセットが豪華だとかとは、また違う嬉しさじゃないですか。演じることの嬉しさを深いところで実感できた。

**吉田**「小須田部長」の最終回は、僕も泣いたよ。

**内村**「ミル姉さん」が出来上がったときも、あ、まだいけるなと思えて嬉しかった。同じ番組でも、喜びの種類は色々なものがありましたね。

**吉田**　コントは成功したときの喜びが大きいけれど、作っていく作業はとても辛い。五年も六年も続けるのは難しいよね。

**内村**　ドリフターズがいかにすごいかということですよ。二〇数年間、どこにも浮気せずに、それだけを守り通してきたんですから。並大抵のことじゃない。

## 内村光良がいることを忘れないで

**吉田**　これからやりたいことは何ですか？

**内村**「ウッチャンナンチャン」というコンビとしてのコントは非常に難しくなってきていますね。トークライブの方が明らかに面白い。フリートークの爆発力ね。昔はコントのように決めた形で笑いを取ってたんですけど、長年やっているとそれが難しくなる。アドリブコントみたいにちょっと変わった形のものの方が、格段に笑いが取れるし、手ごたえがある。形はそういうふうに変わっていくんじゃないかな。あと、個人的にはもうちょっと売れたい（笑）。娘がちゃんと認識できるくらいにね。過去のビデオを観せるわけにはいかんのですよ（笑）。

**吉田**　コントの話が来たら引き受けますか？

**内村**　もらえさえすれば。チャンスがあればやりますよ。伊東四朗さんなんて、七〇代で舞台をやられてる。しかも三宅裕司さんと本格的なコントをやって、ちゃんと笑いを取ってますからね。あれはすごいと思います。できるのかな私は。まだ四〇代なのに、もう足腰が弱ってきてますからね（笑）。

**吉田**　ウッチャンと僕とは一〇年に一回は仕事をしなければならない運命にある。ハングリーな時期があった方が、意外にいいものができたりするじゃないですか。辛い、嬉しい、辛い、嬉しい……そんな循環からいいものが生まれてくるんだと思う。

**内村**　いいこと言いますね、吉田さん。気持ちはまったく同じです。

**吉田**　独立して荒波に向かっていく僕に対して、何かアドバイスをください。

**内村**　そうですねえ。あのー、やはりワタナベの会長さんですから……。フジテレビの社員の時とは違いますから、ワタナベの演者さんを大切にするのは当然だと思います（笑）。ただ！　内村光良がいることを忘れないでほしい。

**吉田**　そりゃもう。柵木眞《ませき》さん（ウッチャンナンチャンが所属するマセキ芸能社の会長）が元気でいらっしゃる限りは（笑）。柵木さん、東京の笑いを盛り上げたいという気持ちがとても強くてね。「これからは吉田さんしかいないと思うんだよ」と買いかぶられました（笑）。

**内村**　私はワタナベの演者さんとも結構仲良くやっておりますし～（笑）。とにかく、私がいることを忘れないでください！

（二〇一〇年四月二〇日／構成・薄井テルオ）

## 主要番組解題⑤

文＝ラリー遠田

『笑う犬の生活-YARANEVA!!-』
『笑う犬の冒険-SILLY GO LUCKY!-』
『笑う犬の発見 Go with flow!』
『笑う犬の情熱 Gonna go crazy! Funky Dogs』
『笑う犬の太陽 THE SUNNY SIDE of Life』

放映＝【笑う犬の生活】
1998年10月～1999年9月
【笑う犬の冒険】
1999年11月～2001年9月
【笑う犬の発見】
2001年10月～2002年9月
【笑う犬の情熱】
2002年10月～2003年9月
【笑う犬の太陽】
2003年10月～2003年12月

吉田正樹＝プロデューサー

90年代後半、バラエティの世界では、『進め！電波少年』と『タモリのボキャブラ天国』という2つの嵐が猛威をふるっていた。

『電波少年』は、日本テレビの大ヒット番組。猿岩石の「ユーラシア大陸横断ヒッチハイク」、なすびの「懸賞生活」など、若手芸人が体を張って挑むロケ企画の数々が評判を呼び、テレビのお笑い全体がそんなドキュメント風バラエティに大きく傾いていた。この時期には、ウンナンも日本テレビの『ウリナリ!!』で「社交ダンス」「ドーバー海峡横断」などに挑戦している。

また、フジテレビの『ボキャブラ天国』は、空前の若手芸人ブームを巻き起こしていた。爆笑問題、ネプチューン、海砂利水魚（現・くりぃむしちゅー）など、新しい世代の芸人が次々に現れて、言葉遊びを基調とした「ボキャブラネタ」で視聴者の心をつかんでいた。

その一方で、コント番組やネタ番組は低迷期を迎えていた。テレビの景気も頭打ちになり、大がかりなコント番組を作ることは難しく、それをやっても思うように数字が取れないという状況が続いた。97年には、頑なに良質のコントを作り続けていた『ごっつええ感じ』が、松本人志の降板によって突然の打ち切りを迎えた。これ以降、コント番組はテレビから姿を消してしまったのである。

そんな状況の中でも、コントの灯を絶やしてはいけない、と考えている芸人がいた。それが、内村光良である。彼は、93年に収録中の事故が原因で『やるならやらねば！』が突然の打ち切りを迎えたことが、ずっと心に引っかかっていた。

「コント冬の時代」にあっても、やっぱり自分はコントがやりたい。そんな信念を抱いていた内村のもとで、98年、『笑う犬の生活』がスタートした。『やるならやらねば！』の精神を引き継ぐことを表す意味で、副題には『YARANEVA!!』と付けられた。

夜11時から放送されていたこの番組は、コントを待ち望んでいたお笑いファンの心をつかみ、人気は上昇。99年に『笑う犬の冒険-SILLY GO LUCKY!-』として日曜夜8時のゴールデンタイムに進出を果たした。レギュラーメンバーに南原清隆らを加えて、キャストはさらに厚みを増した。

その後、フジテレビの看板番組として『笑う犬』シリーズはすっかり定着し、何度かのリニューアルを経て2003年までレギュラー放送が続けられていた。それ以降も、特番として不定期で放送されている。

初期の『笑う犬』の代表作を1つ挙げるとすれば、内村演じる「小須田部長」だろう。スーツ姿に黄色い耳当てを付け、度重なる左遷にもじっと耐えて、世界各地へ移動を繰り返し、理不尽な任務をまっとうする。これは、中年サラリーマンの悲哀を描いた人気シリーズとなり、最終回では、小須田が隕石衝突から地球を救う英雄となった。

小須田部長というキャラは、『ごっつ』打ち切り騒動で実際に左遷されたフジテレビの小須田和彦プロデューサーがモデルになっている。ただ、彼を主役にした一連の作品は、それ自体が「コント冬の時代」に孤軍奮闘する『笑う犬』という番組そのものを象徴していたようにも思われる。

また、『笑う犬』シリーズの大きな特徴は、そこで演じられるコントのパターンが豊富だったということだ。例えば、「ぶっちゃん」「ひろむちゃん」といったコントでは、現役の政治家を題材にして、かなり社会風刺要素の強いネタが演じられている。一方、葉っぱ1枚を局部につけて踊る謎の集団「はっぱ隊」が活躍するコントは、子供から見てもわかりやすいものだった。

それらに代表されるように、シリーズ全体を通じて、頻繁にネタのテイストを入れ替えて、マンネリに陥ることを避けて新しい試みを続けていたのである。

『笑う犬』は、「純粋コント番組」という理想を掲げて、その王道を一心不乱に突き進んだ。そして、視聴率が上がっても決して守りに入らず、攻めの姿勢を貫きながら、コント番組を作り続けていくという覚悟を示した。そんな志の高さが少しずつバラエティ界全体に波及して、「コント冬の時代」が終結するきっかけを作ったのである。

『笑う犬』の成功以降、『エブナイ』『ワンナイ』『ロバートホール』『リチャードホール』『はねるのトびら』など、フジテレビでもコント番組が次々に作られるようになった。『笑う犬』は、コント番組の牙城を死守して、その後のお笑いブームの基礎を作り上げたのである。

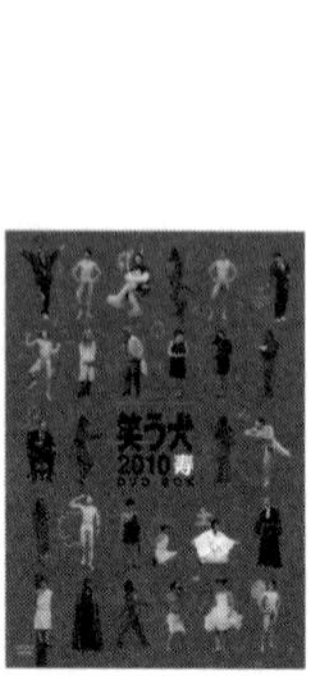


『笑う犬 2010寿 DVD-BOX』
●発売／販売：フジテレビ映像企画部、ポニーキャニオン／ポニーキャニオン　●税込8400円
©2010フジテレビ／ポニーキャニオン

第七章

# 卵を孵《かえ》す者

## コントの対極にある方法論

『笑う犬』シリーズの頃、僕は並行していくつかの番組を立ち上げています。『笑う犬』シリーズの存在が大きいため、これらの番組についてはあまり触れる機会がないのですが、自分の個人的な趣味や嗜好を反映させたという点で、僕にとっては大きな意味を持っています。時系列としては少し遡る話ですが、代表的な作品を二つ紹介しましょう。

まず一つ目は、『力の限りゴーゴゴー!!』。これはネプチューンにとって初となるゴールデンタイムのレギュラー番組で、一九九九年一〇月から三年間にわたって放送されました。時期は完全に『笑う犬』シリーズとかぶっていたのですが、よくあんな忙しいときにもうひとつゴールデンの番組を作れたなと、自分でも不思議に思います。

実は僕がネプチューンをメインにして作った番組は、『力の限りゴーゴゴー!!』が最初ではありません。一九九八年から深夜枠で『ネプやり』『空飛ぶ!ネプTビビ』と『ネプフジ』という、彼らの名を冠した三〇分番組をスタートさせていたのです。

当時のネプチューンは、ワタナベエンターテインメント所属のタレント。僕の妻が同社の社長だったことから、ネプチューンを贔屓しているんじゃないかと、結構大きな批判を浴びました。家へ帰るとそのことで夫婦喧嘩になったこともありますが、ネプチューンの起用はあくまで僕の見立てによるものです。『ボキャブラ天国』でブレイクした彼らの才能は誰もが認めざるを得ないものでしたし、人気の高さという点でも抜きんでていました。

僕に向けられた批判は、その後のネプチューンの活躍を見れば見当外れだったことが分かっていただけるでしょう。実際、『ボキャ天』出身タレントで今も残っているのは、彼らのほかに爆笑問題とくりぃむしちゅー（当時は海砂利水魚）くらいしかいません。

『力の限りゴーゴゴー!!』で僕がやりたかったのは、コントとは別の、テレビにしかできないこと。それが〝素人の面白さ〟でした。

この番組に登場した素人は、そのほとんどが中学生か高校生。視聴者のお父さんやお母さんは、自分の子供に重ね合わせてこの番組を観ていたのではないでしょうか。「ふんどし先生」や「ビューティースチューデント」、後期の「ハモネプ」など、番組の青春企画からは、いくつもの人気コーナーが生まれました。

コントには、ワインを三〇年の歳月をかけて熟成させるように、時間をかけて成長させていくところがあります。ひとつひとつの番組は短命でも、フジテレビのバラエティの歴史を通じて考えたら、コントというジャンル自体の深みは増し、洗練されてきているのです。

反対に素人が出演するバラエティの面白さは、その「未熟さ」にあります。出演者が若いから、熟していないからこその面白さ。視聴者は彼らが何をやるかまったく予想できないので、観ていてドキドキするのです。テレビの役割のひとつが「今を切り取るもの」であるならば、キラキラした若者の一瞬の姿を切り取って見せたこの番組は、テレビというものの特徴を最も分かりやすい形で提示していたと言えるでしょう。

『笑う犬』がウッチャンとネプチューンの掛け算で作った番組であるのに対し、『力の限りゴーゴーゴー!!』は、ネプチューンというタレントの持ち味だけで成立させた番組です。彼らの笑いはシンプルで小細工がないから、観ていて気持ちがいい。野球で言えば、変化球ではなく、ストレートな球が持つ力強さのようなもの。この持ち味は、予測のつかないリアクションをする素人と絡ませた時、フルに引き出すことができます。

僕は、『力の限りゴーゴーゴー!!』を、ほとんど外部のスタッフで制作しました。フジテレビの社員は、演出の宮道治朗君くらいでした。あえてフジテレビの色に染まっていないスタッフ集団をコントロールして作ったのです。その方が、予定調和ではない、より面白い結果になることが分かっていましたから。

この番組は別の果実も実らせました。番組を制作していたIVSテレビ制作・長尾忠彦社長のアイデアから生まれた「ゴーゴーショップ」が、大きな成功を収めたのです。これはお台場フジテレビの一階にオープンした番組のグッズショップ。リスクはありましたが、『笑う犬』が切り開いたモデルの発展形として、その後のテレビ界におけるライツビジネスの先駆けとなりました。

さらに、「ハモネプ」のCDが二五〇万枚というセールスを記録し、『笑う犬』に続いてライツの大賞を獲得したことも、番組が残した大きな功績です。

## お笑いがインテリジェンスを語る

僕が個人的な嗜好を反映させたもうひとつの番組は、『よふけ』シリーズです。一九九九年の正月特番として放送した『鶴瓶と三宅、ふたりはうさぎ年』から始まり、同年四月の『鶴瓶と南原、日本のよふけ』を皮切りに、『鶴瓶と慎吾、平成日本のよふけ』『新・平成日本のよふけ』『ミライ』と、二〇〇三年まで約五年続いた異色のトーク番組です。聞き手は番組によって違いますが、一人は必ず笑福亭鶴瓶さんでした。

鶴瓶さんとの出会いは、僕がAD時代に悔し涙を流した一九八七年の『1億人のテレビ夢列島』に始まります。『笑っていいとも！』のディレクターだった時、当時鶴瓶さんのマネージャーだった千佐隆智さんが僕の元にやって来て、「ぜひ鶴瓶をよろしく」と、強力にプッシュしたのです。その頃の僕はまだ鶴瓶さんを番組でどう使えばいいのかよく分からず、千佐さんの依頼を断り続けていました。

それから時が経ち、編成に異動した後、僕の元に小松が『鶴瓶漂流記』という番組の企画を持ってきました。鶴瓶さんとゲストが行き当たりばったり街を歩くという、小松らしい一風変わったトークドキュメンタリーです。周囲からは反対されましたが、僕は強引にこの企画を通しました。鶴瓶さんと小松の組み合わせが、今までにない斬新な番組を作ってくれるという予感があったのです。実際、完成した番組は業界内で高い評価を獲得しました。その後、僕、鶴瓶さん、小松の関係は、徐々に深くなっていきます。

『よふけ』は、鶴瓶さんで新しいトーク番組をやりたいという気持ちから作った番組です。「失われた一〇年」という時代の様子を踏まえ、自信を持って日本国を作ってきた世代から、鶴瓶さんの自然な話術で本音を引き出すという内容。ゲストは今までのトーク番組なら絶対呼びそうもない、政治家や財界人といった面子です。

いくら深夜でも、普通ならこんな企画はまず通りません。でも、当時の僕は『笑う犬』をヒットさせていましたから、やや強引ながらこの企画を通すことができました。

正月特番だった『鶴瓶と三宅、ふたりはうさぎ年』の収録現場に行った時のこと。小松の演出でスタジオにビーチチェアが置いてあります。思わず「なんだこれは」と声を荒げました。こんなもので緊張感のあるトークができるはずありません。よし、だったらソファに三人座らせてしまえと思った結果生まれたのが、「きっちりソファ」。小さなソファに、ゲストを真ん中に挟む形で三人を座らせたのです。毎回、ゲストを座らせる度に一悶着ありましたが、このソファは番組の名物になりました。

ソファだけならまだよかったのですが、番組のコンセプトに関しても、当初小松との間には誤解があったように思います。例えば、田中康夫さんがゲストの回。阪神大震災の時にバイクに乗って神戸に駆けつけた田中さんは、当時市民運動に力を入れていて、神戸空港の建設に大反対していたのです。僕は、なぜ神戸に関心を持つのか、作家がなぜ被災地へボランティアに行くのかを知りたかったので、あらかじめ司会とゲストにその話をするよう頼んでいました。

ところが本番では、相変わらず「クリスタルですか？」「女の子を口説いているんですか？」

といったことばかりに集中し、肝心の話題に触れていけませんでした。小松としてはテレビバラエティのセオリーに忠実に、王道のアプローチで演出したまでで、もちろん間違っていません。しかし現場では田中さんを激怒させるほどもめてしまいました。

ただ、ここでもめたことで、僕と小松は同じ方向を向き、新しい一歩を踏み出すことができたのです。『よふけ』はここから大きく軌道修正し、インテリジェンスを前面に押し出す形と変わりました。それも、「テレビの通俗さを通じて自ずから露わになる」という、ひねりの効いたインテリジェンスです。

意外に思われるかもしれませんが、こういったトーク番組に出ている時、人はなかなか嘘を言えません。嘘を言ったら必ず表情や態度に現れるし、視聴者がその変化を見逃さないからです。それを分かっている出演者は、普段は口にしないことも正直に話してくれます。これが映像の力。ただ笑わせるだけではありません。バラエティにはこういう力もあるのです。

トークゲストの人選に関しては、硬派から軟派まで様々でした。政治家では後藤田正晴さん、野中広務さん、村山富市さん、ペルーの大統領だったアルベルト・フジモリさんなど。内閣安全保障室長だった佐々淳行さんや作家・運動家の小田実さん、元ソニーの黒木靖夫さん、後に監督として『劔岳 点の記』を大ヒットさせるカメラマンの木村大作さんなどには、何度も出演してもらいました。

実業家では、伊藤忠商事の会長だった瀬島龍三さんの印象が強く残っています。瀬島さんが日本美術協会の会長、フジテレビの日枝会長が副会長――という縁での出演でしたが、瀬島さんは大日本帝国の大本営作戦参謀でしたから、その時代を知っている人へのインパクトはものすごく大きなものでした。


この番組は、スタッフの教育という意味でも非常に意味のある番組だったと思います。現場スタッフが政治評論家の早坂茂三さんに出演交渉に行った時は、「お前、俺の本読んだことあるのか」と、いきなり怒られたそうです。こういう人に揉まれて、テレビマンは成長していくのです。

その後、お亡くなりになられた方も多いので、『よふけ』は記録映像的にも貴重な番組になりました。ここに出たゲストは、本当にすごい方々ばかり。だから僕は、番組の本も作りました。

お笑いがインテリジェンスを語るという意味で、またテレビの通俗さが別の可能性を獲得したという意味で、『よふけ』シリーズは屈指の名番組だったと自負しています。

## インキュベーターという役割

『笑う犬』終了後に企画担当部長となった僕は、就任後、最初の『27時間テレビ』で大変革に立ち会うことになります。二〇〇四年の『27時間テレビ』は原点に立ち返り、徹底的に「お笑い」を追及する方針を貫いたのです。

総合演出は、あの片岡飛鳥です。この『FNS27時間テレビ めちゃ×2オキてるッ！ what A wide awake ↑ we are! 楽しくなければテレビじゃないじゃ～ん!!』は、平均視聴率一六・四％と歴代四位をマーク。瞬間最高視聴率も三〇％を越える大成功を収めました。

当時の僕は、その時の上司だった港浩一さんと、文字通り二人三脚でバラエティ制作センター、ひいてはフジテレビを強くするために奮闘します。港さんはとんねるずの人気番組などを演出・プロデュースしてきた、制作畑たたき上げの人。

僕は港さんにこう言ったのです。

「制作の若手社員が、僕たち年を取ったらどうなるんでしょうと聞いてきます。だから若手が全力投球できる環境を作りたいし、そのためには港さん、偉くなってください」

僕は制作の現場で、同じ苦しみを二度味わいました。『やるならやらねば！』と『笑う犬』です。最初はがむしゃらに頑張るのですが、段々と疲弊し、空っぽになり、番組が息切れしていく。若手にそれを味わわせたくなかったのです。

港さんは僕の気持ちを分かってくれました。そして、「人を育てる」ことと「人を育てる仕組みを作ること」が、僕の活動の中心になりました。若手社員の研修会をはじめ、僕は様々なアイデアを港さんに進言し、港さんはそれらをどんどん通してくれました。港さんと僕は、新しい立場で確実にフジテレビの未来を作っていたと思います。

二〇一〇年に港さんが役員になられた時、港さんは僕に「俺はお前にだけは特別な思いがある」と言ってくれました。自分が偉くなることによって、バラエティに従事する社員たちのモチベーションが上がる。将来に向けて、安心して燃え尽きることができる。それを肌で感じられたのでしょう。

現場の苦労を十分に理解して、中央で自らの使命を全うする――。港さんは、『踊る大捜査線』で柳葉敏郎が演じている、室井慎次の役割に近いのかもしれません。

この時期の僕の立場を一言で言うなら、「インキュベーター」です。「インキュベーター」とは、「卵を孵《かえ》す人、温める人、起業家」などを指す言葉です。テレビの世界に当てはめれば、新番組の立ち上げを間接的に手伝うアドバイザー的な役割ということになるでしょう。企画や人材的な面で立ち上げを手伝うわけです。

僕がインキュベーターの役割を果たした主な番組名を挙げると、『トリビアの泉～素晴らしきムダ知識～』『ネプリーグ』『お台場明石城』『くるくるドカン～新しい波を探して～』『爆笑レッドカーペット』など。ウッチャンをホストにした深夜の『THE THREE THEATER』を前身とする『爆笑レッドシアター』もスーパーバイザーとして参加しています。

番組という「卵」が孵ると同時に、そこに関わった人も育っていきます。例えば、『力の限りゴーゴゴー!!』の時に吉田班として〝修行〟した宮道治朗は、その後『ネプリーグ』や、一大ブームとなった『トリビアの泉』を立ち上げて、フジテレビのトップクリエイターに育ちました。

なぜ今でもインキュベーションするのか。それは、僕が経験してきたことが今の番組づくりに役立つと思っているからです。また、制作の第一線で活躍している元吉田班、言うなれば〝吉田チルドレン〟たちに対して、自分のアイデンティティーを今一度確認したい気持ちもあります。

社内の仕組みを変えていったことで、二〇〇四年から二〇〇五年のバラエティ制作現場は、とても高い士気を保っていました。二〇〇四年には、待望の視聴率三冠王を日テレから奪還していえます。

## 三足の草鞋《わらじ》

ところが二〇〇五年二月、大事件が起こります。ライブドアによるフジテレビの敵対的買収です。最終的に二社が和解に至るまでの二ヵ月半、渦中にいる我々は、まるで自分たちが連続ドラマの主人公になったかのように、ドキドキして毎日を過ごしていたのを覚えています。そしてこの事件、実は僕自身の運命にも影響を及ぼすことになるのです。

騒動のさなか、フジテレビにとってのホワイトナイトとして登場したのが、実業家の北尾吉孝氏が率いるソフトバンク・インベストメント（SBI／現・SBIホールディングス）でした。敵対的買収に対抗し、ライブドアとは和解できたのですが、その協力関係の発展のため、SBI、フジテレビ、ニッポン放送が、ベンチャーキャピタルファンドを共同出資で設立することにしたのです。
そして騒動の終息後、フジテレビからもＳＢＩに赴く人間が必要となりました。当時の僕を取り巻く状況は、社内の仕組みづくりがうまく行き、視聴率三冠王も獲得。順調に回っていたと言えるでしょう。しかし僕の天邪鬼な性格からか、ふとこんな申し出をしたのです。

「僕がＳＢＩに行きましょうか？」

就職活動をしている頃、福田赳夫さんの事務所で、テレビ朝日ではなく、なぜか「フジテレビ」と口に出してしまった僕。あの時と同じように、天から何かが降りてきたのでしょうか。自らの「逸脱志向」はこの時もまだ健在でした。
ほどなくして僕は、ＳＢＩの「インキュベーション部ライン部長待遇」を兼務という形で、投資という全く新しい分野に足を踏み入れたのでした。

ＳＢＩには週に一度、会議に出るような関わり方でしたが、そこでは新しい世界を垣間見ることができました。そして、ＩＴやデジタルの世界を知らなければ、これからのテレビは生き残っていけない、作ることができないと、強く感じるようになります。

ライブドアの買収事件以降、世の中は急速に変わっていきました。テレビが従来のテレビのポジションのままでいられるのは、もはや不可能です。ＩＴとテレビの大きな転換点がついに訪れたのです。

そして二〇〇六年、僕は港さんにデジタルコンテンツ局との兼務を申し出ました。これで、番組制作、投資、デジタルコンテンツ、「三足の草鞋」です。

そのデジタルコンテンツ局では、なんと小牧次郎が待っていました。『夢で逢えたら』の二三時半昇格を提案し、『やるならやらねば！』を僕に託した男。その男が、またも言うのです。

「ぜひお前にやってもらいたい仕事がある」

デジタルコンテンツ局は当時、「放送と通信の連携プロジェクト」というテーマを持っており、その旗振り役を僕が担うことになりました。そして生まれたのが「フジテレビＺＯＯ」というブログ事業と、『アイドリング!!!』です。

フジテレビ初の「デジタルメディア横断プロジェクト」としてスタートした『アイドリング

!!!』は、本放送が地上波ではなくCS放送。さらには本放送以外のコンテンツも含めて「フジテレビOn Demand」で有料配信するという、今までのテレビ界にはない大胆な試みに挑戦した番組です。幸い、「フジテレビZOO」も『アイドリング!!!』もうまく軌道に乗せられました。

ところが、次第に僕の中で、「三足の草鞋」の調和が取れなくなりつつありました。投資やデジタルコンテンツ、ITの世界を目にするうち、テレビだけでなく違う世界でもっと色々なことをやってみたい、もっと新しいことを体験したいと思うようになったのです。

また、様々なプロジェクトが成功し、視聴率三冠王を毎年のように獲り続け、現場にどんどん権限を渡していった結果、組織のトップとして指揮を執るでもなく、最前線のプレーヤーでもない自分のポジションに、ある種の物足りなさを感じるようにもなりました。上（組織）と下（現場）をうまく育てたけれど、「自分のやることがなくなってしまった」わけです。なんたる皮肉でしょうか……。

こんな考えが頭をもたげはじめた二〇〇七年、僕は四八歳になっていました。あと二年で五〇歳。そろそろ人生の折り返し地点が見えてきます。

振り返ってみれば、編成から制作へ異動したのは三九歳の時でした。僕の人生は一〇年単位で大きな波がやって来るようです。

そんな時、港さんから改めて「また二人三脚でやろうよ」と言われました。おそらく港さんは、僕に「三足の草鞋」を脱いでほしかったのだと思います。番組制作者として、バラエティを率いるトップの立場で共に頑張ろうと。でも自分の心は、何かもうどうしようもなく、大きな海に漕ぎ出してみたいという気持ちでいっぱいになっていたのです。

二〇〇七年末、僕は退職の意志を日枝会長に伝えました。会社に退職届けを提出したのは、それから一年後の二〇〇八年一二月一〇日。正式な退職日は二〇〇九年の元日と決まりました。五〇歳を迎える年の幕開け、僕は二六年のフジテレビ人生に終止符を打ったのです。

## 主要番組解題⑥

文＝ラリー遠田

『NEPTUNE PRESENTS 力の限りゴーゴーゴー!! FULLPOWERGOGOGO!!』
放映＝１９９９年10月～２００２年９月
吉田正樹＝プロデューサー

90年代以降、テレビにおける「ゴールデンタイム」の意味が少しずつ変わり始めた。かつて、テレビが「一家に一台」で、家族全員が居間に集まって一台のテレビを見る、というような状況では、ゴールデンタイムとは端的に、幅広い層の視聴者が多く見る可能性のある時間帯、ということになっていた。

だが、時代は変わった。娯楽が増え、人々の暮らしぶりは多様化した。そして、学生や社会人の生活リズムは大きく変わり、19時台に家でテレビの前にいるような人は少なくなってしまった。

その結果、19時台で作られるバラエティの1つの流れとして、あるはっきりとした傾向が現れるようになった。それは、中高生などの10代をターゲットにした番組の増加である。

これのきっかけになったのは恐らく、97年にTBSで始まった『学校へ行こう!』だろう。この番組は、みのもんた、渡辺満里奈、V6が司会を務め、さまざまな企画に挑む全国の中学生や高校生の姿を追うドキュメントバラエティの先駆けだった。19時台にテレビの前におとなしく座っているのは、もはや20代や30代の社会人ではない。思い切って10代をターゲットにすることで、この番組は活路を開くことができた。

そして、フジテレビでも、この路線のバラエティ番組が新しく始まることになった。それが、99年スタートの『力の限りゴーゴーゴー!!』である。これは、『笑う犬』シリーズで人気を呼んでいたネプチューンをメインMCとして抜擢した画期的な番組だった。

「青春ドキュメント」と銘打ち、ネプチューンの3人が全国へロケに出て、学生たちの悩みを解決したり、さまざまなジャンルで彼らを競わせるという内容だった。前述の『学校へ行こう!』などに比べて、あくまでも普通の子を対象にして、彼らの日常に寄り添うような目線の企画が多かった。特に、学生たちがアカペラコーラスを披露する企画『ハモネプ』は、全国的な人気を呼んだ。

仕切り役の名倉。男らしく凛々しい原田。親しみやすくお調子者の堀内。ネプチューンの若々しく飾らない三者三様のキャラクターは、中高生を相手にするのにうってつけだった。番組は高い視聴率をマークして、30分番組から1時間番組へと昇格。ネプチューンは、この番組をきっかけに人気をつかんでいった。

『鶴瓶と南原、日本のよふけ』
『鶴瓶と慎吾、平成日本のよふけ』

『新・平成日本のよふけ』
『ミライ』
放映＝【日本のよふけ】
1999年4月〜1999年9月
【平成日本のよふけ】
1999年10月〜2001年3月
【新・平成日本のよふけ】
2001年3月〜2003年3月
【ミライ】
2003年4月〜2003年9月
吉田正樹＝プロデューサー

---

笑福亭鶴瓶は、異端の落語家である。彼が落語家として特に珍しいのは、他人の話を引き出す達人である、というところだ。落語家は、1人で高座に上がり、自分の話だけで観客を引きつけるのを仕事にしている。

だからこそ、トーク番組の司会などで他人の話を聞いたりすることは不得手な場合が多い。現在、テレビで落語家の活躍する場が少ない根本的な原因も、そのあたりにあるように思われる。

そんな中で鶴瓶は、落語家という肩書きがありながら、若手の頃からラジオ・テレビの世界にどっぷりつかっていたということもあり、他のどんな芸人にも負けないほど、他人の話を引き出すトークの達人として知られている。

TBS系列で2009年4月から放送されている『A-Studio』（2010年6月現在放映中）でも、鶴瓶は自らゲストの故郷に足を運んだり、資料を読み込んだり、十分なリサーチを経てからスタジオでのトークに臨み、その人の素顔を浮き彫りにしている。

そんな鶴瓶の聞き手としての魅力が詰まっていたのが、この『よふけ』シリーズである。この番組は、99年に特番として始まり、レギュラー化されてからは、何度かのリニューアルを経て、2003年まで放送されていた。

基本的には、鶴瓶ともう1人のタレント（南原清隆、香取慎吾）がホスト役を務めるトーク番組である。ただ、この番組はゲストの人選に特徴があった。

大物政治家や映画俳優、経営者など、普段テレビにあまり出ていないような「とんでもない人」を招いて、その話をじっくりと聞くというスタイルだったのだ。

普段あまりテレビに出ないような人から話を引き出すには、それなりの腕が必要になる。その点で、鶴瓶がここで発揮した手腕は見事なものだった。

彼は、自分の聞きたいことを聞くのではなく、相手のしゃべりたいことをしゃべらせるという意識がある。常に相手の立場に寄り添いながら、興味深い話を巧妙に引き出していく手際は、鶴瓶にしかできない名人芸である。

彼のトークスタイルの大きな特徴は、待つ構えができている、というところだ。鶴瓶には、落語家特有の「間合いを楽しむ技術」がある。彼は、沈黙を恐れない。ゲストがたどたどしくしゃべっていて言葉に詰まることがあっても、慌てずじっと待つことができる。そこで相手は、自分の話が真剣に聞かれているという安心感を得て、鶴瓶の腕の中でリラックスして話を進められるのだ。

当代随一のしゃべりの達人が、「聞き手」としての本領を発揮する名番組だった。

『トリビアの泉～素晴らしきムダ知識～』
放映＝2002年10月～2003年3月／2003年7月～2006年9月
吉田正樹＝プロデューサー→制作

テレビとは、数百万～数千万単位の人間を相手にするきわめて大衆的なメディアである。だからこそ、そこでは常にわかりやすさが求められる。特に、純粋な娯楽のために見るバラエティ番組ではその傾向が著しい。人々は皆、頭を使わないで気軽に楽しみを得るためにバラエティを見ているのだ。そこでは、マニアックな専門知識などは疎ましがられるだけだろう。

だから、テレビである情報を伝えるためには、視聴者を手取り足取りナビゲートすることが必要になる。情報番組では、これでもかというくらい、情報を丁寧にわかりやすくかみ砕いて説明する。それが、テレビで専門的なことを伝える上での一種のセオリーになっているのだ。

人々が情報番組を見るのは、そこに「役に立つ」という付加価値があるからだ。NHKの『ためしてガッテン』を多くの人が見るのは、そこに「おいしいカレーの作り方」や「効果的なダイエット法」があるからだ。実利がなければ視聴者は見向きもしない。それが従来のテレビの発想だった。

だが、ここで、大きな発想転換をした番組があった。あえて「役に立たない知識」を教える番組があってもいいのではないか、という発想から企画が生まれたのだ。この実験的な試みは、深夜番組としてひっそりと始められた。

『トリビアの泉～素晴らしきムダ知識～』では、「何の役にも立たないムダな知識」を「トリビア」と名付けて、それを短いVTRの形で披露して、タレントたちがそれを品評するというフォーマットを作り上げた。

そこには、1つの大きな発明があった。納得感を計測する「へぇボタン」の導入である。あのシステムを作り出したことの意義は大きかった。

もともと、人間が感じる「納得感」には、客観的な指標が存在していない。この番組では、「納得が深いほど何回もへぇボタンを連打する」というルールにすることで、納得感という曖昧なものを測定可能なものに変えてみせたのだ。

また、ボタンを押すたびに流れる「へぇ、へぇ」という音も実に小気味よい。テレビ番組における音響効果の意義をこれほど明確に表しているものはない。あの「へぇボタン」は、視聴者が自分でも押したくなる感じのするボタンなのだ。そのような皮膚感覚をうまく伝えることができたのが、この番組の成功の大きな要因になっているのは間違いない。

役に立たないことをあえて企画の中心にする、というセオリーの真逆を行く方法論によって、歴史的なヒット番組が生まれたのである。

---

『ネプリーグ』
放映＝２００３年４月〜２０１０年６月現在放映中
吉田正樹＝監修

---

クイズ番組とは、テレビの歴史と同じくらい古くからある伝統的なバラエティの一分野である。クイズを出題して、それに答える、という単純な形式の中に、バラエティに必要な要素の全てが凝縮されているのだ。

クイズ番組は、視聴者の知識欲を刺激して、彼らを自然に巻き込むことができる。また、答えを聞いたときの納得感もあり、テレビの中の解答者がそれぞれの問題に答えられるかどうかも興味を持って楽しむことができる。

クイズ番組の原理原則はそれらの点にあり、これを応用することで、古今東西さまざまな種類のクイズ番組が制作されてきた。

近年、テレビの世界ではクイズ番組が増えていく傾向にある。特に、金のかかる大がかりなスタジオ番組やコント番組が思うように制作できない状況で、それなりに華やかな画面作りで手堅く視聴率を稼ぐためには、クイズ番組はまさにうってつけなのだ。

クイズ番組には、大きく分けて2つの種類がある。それは、解答者として一般の素人が参加するものと、タレントが参加するものである。そして、最近の主流は、圧倒的に後者の方である。

その中でも、２０１０年現在、視聴率で見てクイズ番組界の頂点に君臨しているのが、フジテレビの看板番組『ネプリーグ』である。これはもともと、ネプチューンがさまざまなゲームや企画に挑むという趣旨の深夜番組だった。堀内演じる「秋葉カンペー」というキャラも絶大な人気を呼んでいたが、番組の放送時間が変わってリニューアルされ、ゲーム要素を残しながらも、クイズを前面に押し出した内容へと生まれ変わった。

5人が同時に参加して、共同してクイズに答えるという形を生み出したことで、この番組は時代を一歩リードする存在になった。競い合いではなく助け合いの関係性にすることで、チームワークが重要になり、それぞれのキャラも明確に浮かび上がるようになった。特に、人気企画「ファイブリーグ」の安定感は特筆すべきものがある。

オリコンの調査による２０１０年の「好きなクイズ番組ランキング」でも、『ネプリーグ』は見事1位に輝いている。クイズ番組は、軽く流して見ることもできるし、誰も傷つけることがない。ゴールデンタイムにふさわしい幅広い年齢層向けのバラエティの代表として、『ネプリーグ』は１つの理想型になっているのだ。

---

『くるくるドカン～新しい波を探して～』
放映＝2006年4月～2006年9月
吉田正樹＝企画

---

2010年現在でも、テレビの世界とインターネットの世界の間には、大きな文化的断絶がある。テレビは今でも、パソコンにはほとんど触れたこともないような「一般大衆」を主な視聴者層として想定しているし、テレビ制作者の大半も、インターネットの世界で今何が起こっているかをきちんと把握してはいない。

確かに、最近の流れとして、ユーチューブなどの動画サイトにある面白い動画を紹介するような形式の番組も増えてきている。ただ、それは、制作費削減を迫られる状況下で、あまり元手のかからない形で「動画サイト」というネット上の資源を有効活用しているだけの話。真の意味で、ネット文化をテレビの様式に取り入れた番組というのは、いまだにほとんど存在していないと言っていい。

そんな中で、2006年スタートの『くるくるドカン』は、かなり早い段階からインターネットというものをバラエティ番組にどうやって取り入れるか、ということにきちんと向き合ったタイプの番組だったと言える。この番組では、検索サイトのデータをもとにして、今流行っているものや注目されているものを取り上げて、それを題材にした企画が行われていた。ネットの世界を読み解く上で最も重要な概念である「検索」をいち早く取り入れて、バラエティの企画の中で活用したという意味では、この番組はかなり先進的だったと言えるだろう。

ただ、そうは言っても、この番組の本質は、遊び心に満ちた古き良き番組作りの精神にあった。冷静に見るとむしろ、「検索を生かした番組」という名目のもとで、多少バカバカしくてゆるい企画にも思い切って挑戦することができた、という部分が大きかったのではないだろうか。

例えば、ミュージシャンの掟ポルシェが、「男は橋を使わない！」と宣言して、男気を見せるために東海道の間にあるすべての川を泳いで渡るという企画には、一昔前のバラエティを見ているような懐かしい味わいがあった。

この番組では、「インターネットの活用」というのは、一種の隠れみののようなものだった。それを口実にして、自由度の高い企画を実現できたことが番組の面白さにつながっていた部分が大きい。インターネット時代に対して、テレビ側が1つの答えを示した番組だったとも言えるだろう。

---

『アイドリング!!!』
放映＝2006年10月～2010年6月現在放映中（フジテレビONEにて）
吉田正樹＝ゼネラルプロデューサー→企画協力

---

2005年、フジテレビの屋台骨を揺るがす衝撃的な事件が巻き起こった。ライブドア社長(当時)の堀江貴文が仕掛けた、ニッポン放送の買収騒動である。

インターネットの世界で成り上がった若者の突然の動きに対して、当時ニッポン放送の子会社だったフジテレビの経営陣は猛反発。最終的には、ライブドアの買収計画は頓挫して、フジテレビは大きな波を切り抜けた。

ただ、この事件は、1つの時代の移り変わりを象徴するものだった。放送局はもはや、「テレビは娯楽の王様」などと気楽にふんぞり返っていられる状況ではない。時代に合わせた経営努力やメディア環境の整備を進めなければ、これから生き残っていくことはできそうにない。

ただ、メディアが移り変わっても、そこで求められるコンテンツの中身に大きな変化はない。人的資本を集約させて質の高い映像コンテンツを作るということにかけては、テレビ局は自前の優れたノウハウを持っている。それを有効に生かすことができれば、次の時代にも十分対応していけるはずだ。

そのような算段のもとに、フジテレビは「デジタルメディア横断プロジェクト」を始動させた。さまざまなメディアに展開することを前提として、あらかじめ権利関係を整備して、通信での利用も視野に入れたコンテンツの制作を進めていく計画である。

その第1弾として2006年にフジテレビONEで始まったのが『アイドリング!!!』である。「人見知り芸人」として知られるバカリズム(升野英知)がMCを務め、常に一歩引いたクールな態度でアイドルたちをあしらう様子が印象的な、一風変わった形のアイドルバラエティ番組である。

この番組は、CSでの放送以外に、インターネット上の動画配信サービス「フジテレビ On Demand」でも視聴することができる。CMの広告収入に依存してきたテレビ局も、いよいよ「お金を払って見てもらうコンテンツ」の制作に力を入れ始めた。『アイドリング!!!』はその第一歩だったのだ。

『アイドリング!!! Season6 DVD BOX』
●発売/販売:フジテレビ映像企画部/ポニーキャニオン ●税込23625円
©2010 フジテレビ

『爆笑レッドカーペット』
放映=2008年4月〜〜2010年6月
現在放映中
吉田正樹=企画→監修

現在のテレビお笑い界の大きな流れとして真っ先に挙げられるのは、1分程度の短いネタを次々に見せていく、いわゆる「ショートネタ番組」が一大ブームを巻き起こしていることだろう。

　このブームの火付け役となったのは、2007年に始まった『爆笑レッドカーペット』である。放送1回目から視聴者の反響は大きく、特番を何度か重ねて、2008年にはレギュラー番組に昇格を果たした。

　この番組の演出上のポイントは2つある。1つは、ネタが終わった瞬間に、芸人たちがベルトコンベヤーに流されて舞台から消えていくという仕掛けだ。1分程度のネタが終わると、芸人たちは舞台袖に流されてしまう。すると、そこで披露される個々のネタは、少し物足りないくらいのボリュームなので、見ている視聴者は心地よい飢餓感を抱えたまま次のネタを待つことができる。

　目の前を魅力的なネタが流れていくのが目に入るからこそ、もっと次が食べたくなる。まさに回転寿司と同じ原理で、芸人を次々と横に流しているのである。これは、ありそうでなかった斬新な演出である。

　もう1つ重要なのは、この番組では決して笑いの質を厳しく評価したりはしない、ということである。それぞれのネタをゲスト審査員が採点して「大笑」「中笑」といった判定が下されることになっている。だが、そこに実質的な意味はほとんどない。全てのネタは等しく「面白いもの」として消費されていく。どんなネタも決して悪く言わない、採点をしない、評価もしない。そのことで視聴者は、一定のテンションを保ったまま番組を楽しむことができるのだ。

　そんな番組の雰囲気作りに最も貢献しているのが、司会を務める今田耕司である。彼は、短く区切られた芸人のネタを見て、素直なリアクションを起こし、ゲストのコメントを引き出し、ネタの見方そのものを観客と視聴者にさりげなく教えているのだ。

　これによって、ショートネタを見て感じる物足りなさやわかりづらさが払拭され、すべてのネタがきちんと笑えるものとして処理されていく。今田は、見る側の立場に寄り添ったツッコミをすることで、お笑いの見方、視点そのものを提供しているのだ。

　このことによってテレビに出られる芸人の幅も広がり、ブームはさらに加熱した。お笑いを見るための「視点」を与えるプロフェッショナルとしての今田の存在こそが、ショートネタブームという新時代を切り開く鍵になったのである。

『爆笑レッドカーペット～花も嵐も高橋克実～』
●発売／販売：フジテレビ映像企画部／Contents League、アニプレックス　●税込3990円
©2010 フジテレビ

---

『爆笑レッドシアター』

放映＝2009年4月～2010年6月現

在放映中
吉田正樹＝スーパーバイザー

---

時代は繰り返す。『とぶくすり』から『めちゃイケ』が生まれたように、『夢で逢えたら』から『やるやら』『ごっつ』が生まれたように、２００９年、深夜番組『THE THREE THEATER』を経て、夜10時からの本格コント番組『爆笑レッドシアター』が満を持してスタートした。

この番組は、狩野英孝、しずる、ジャルジャル、はんにゃ、フルーツポンチ、柳原可奈子、ロッチ、我が家という8組の若手芸人によるコントがメイン企画になっている。それぞれの芸人が自分たちの得意ネタを披露するだけでなく、他の芸人と組んでユニットコントを演じたり、さまざまな企画にも挑戦したりする。

彼らは、ショートネタ番組『爆笑レッドカーペット』に出演していた若手芸人の中から厳選された実力者たちだ。卓越したネタ作りの技術と魅力的なキャラクターを兼ね備えている彼らが、互いに刺激し合って新しい笑いを生み出そうとしている。

この番組が高い人気を保っているポイントは、大きく2つある。1つは、公開収録であるということだ。すなわち、この番組では、芸人たちは一般の観客の前でコントを演じているのである。これは、最近のコント番組としてはかなり珍しいスタイルだ。制作側の都合だけで考えれば、客は入れないで収録した方が、失敗したときにもやり直しができるし、撮影の手間も省ける。だが、この番組では、ライブ感を優先して、あえて客前でコントが演じられているのである。

実際に観客が見ているので、演じる側の芸人には独特の緊張感があり、視聴者もお笑いライブを生で観賞しているような感覚が味わえる。若い芸人たちが持っているパワーを最大限に引き出すためにも、公開収録という形式がとられているのだ。

もう1つは、各芸人の能力やセンスを最大限まで引き出すような演出上の工夫が随所に施されている、ということだ。例えば、この番組のユニットコントでは、ある芸人の既存の持ちネタを複数の芸人が一緒に演じるという場合もあれば、新しいキャラクターが出てくる場合もある。いずれのケースでも、そのコントを通じて、それぞれの芸人の新たな魅力が引き出されるようになっている。

劇場支配人としてホスト役を務めている内村光良が、若手の活躍を温かく見守っているのも実にほほえましい。バラエティの王道をひた走る傑作コント番組である。

港浩一さんとモニターチェック

第八章

# 僕がフジテレビを辞めた理由《わけ》

## 人を育て、大義を掲げる

　フジテレビを辞めた後、僕は新たな活動の拠点として「吉田正樹事務所」を設立しました。会社の目的はただひとつ。

「人々の記憶に残るエンターテインメントを生み出し、社会に貢献すること」

　取材や講演などの席に出ると、自分より一世代くらい若い人たちから、よく『夢逢え』が懐かしいです」『笑う犬』が大好きでした」といった声をかけられます。これほど嬉しい瞬間はありません。自分がフジテレビで作ってきた番組が、間違いなく人々の記憶に残っている証拠なのですから。

　僕はフジテレビに入社して、まず「作品づくりのお手伝いをする人」から始まり、「作品を作る人」になり、「〝作品を作る人〟を作る人」になり、独立してすぐは「作品づくりの仕組みと環境を造る人」になろうと思っていました。

でも今は、コマを一個戻して人を作ること、さらにもう一個戻して作品を作ることもあわせて重要だと思っています。仕組みを造る仕事はもっと大きな組織に任せて、吉田正樹事務所としては、その機動力を活かした人づくり、作品づくりに注力すべきではないかと思い直しました。

だから、これからはテレビ局の外側から、テレビはもちろん映画やラジオ、インターネットなど、あらゆるメディアを視野に入れたコンテンツを作っていくつもりです。


そんな僕が仕事で重要視していることは、大きく二つです。

ひとつは、人を育てること。フジテレビに入り、会社員として先輩がいて、後輩がいて、当たり前のように育ててもらい、育ててきました。今、その大切さを改めて実感しています。

もうひとつは、歴史意識を持つということ。自分の仕事や生き方が歴史の中でどういう意味があるのかは常に考えるべきで、そうすれば「歴史を通して見れば正しいのだ」という大義を掲げて、時に画期的な決断もできるのです。

大義とは、一種の理想主義。理想に燃えて作った番組だから、少しくらい視聴率が悪くても気にする必要はありません。正しい評価は、後世の人たちが下してくれるのですから。実際フジテレビ時代にも、大義ではなく「今がよければいい」と欲望にまかせて作った番組は、ほとんど失敗しているのです。

最後の章では、お笑いやバラエティ、テレビとそれを巡るメディアについて、僕の考えを整理して伝えたいと思います。もし読者の皆さんがテレビやエンターテインメントの世界に関わっていたり、目指しているなら、ささやかながらも、何かヒントが得られるかもしれません。

## 『レッドカーペット』×『エンタの神様』×『M-1』

具体的な番組名を挙げながら話を始めましょう。

『爆笑レッドカーペット』は、あらゆる芸人が出演できる番組です。キャリアや事務所などのしがらみに関係なく、誰にも公平にチャンスがある。まずはその出発点だけは担保しようというのが、『レッドカーペット』のよき思想なのです。「世に出るためのチャンスを誰にも平等に与えること」「芸人を目指す全ての人に門戸を開くこと」。それがこの番組の根本思想と言っていいでしょう。

ただし、ここで一分のネタを演じるのは、単なるチャンスの端緒です。『レッドカーペット』に出演することで何かが完結しているわけではない。大事なのはこの後、次の舞台に彼らが何を残すかです。その受け皿としての舞台が、第七章で触れた『爆笑レッドシアター』などの番組というわけです。

その反対の形を守り抜いたのが、日テレの『エンタの神様』でした。この番組は芸の作品性まで番組側がコントロールしていましたから、番組向きの芸人がその方向性で才能を伸ばせるというプラス面がある一方で、他の番組に出られないといった芸人の囲い込みが生じました。芸人は、自分の芸を、好きな場所で好きに作ることができないジレンマを抱えることになるわけです。若い芸人にチャンスを与えているのに、その芽を摘んでいるとも言えます。

では、『M-1グランプリ』はどうでしょうか。かつての『M-1』は吉本興業の芸人を中心とした内輪の大会という印象だったため「吉本の社内運動会」とまで言われていましたが、回を重ねるにしたがってオープンな形に変わってきました。だからこそ、第八回以降は関東で二〇%以上の視聴率を取れるようになったのです。『M-1』は着実に変化しましたし、観ていて納得感があるものを生み出せるようになったと思います。

日本史になぞらえると、『レッドカーペット』はお笑いの「楽市楽座」にあたります。織田信長などが推進した、特定商人の独占販売権を撤廃する政策。望めば誰でも参加できる、お笑

い の自由取引市場です。

歴史つながりで言えば、かつての『M－1』は楽市楽座とは対照的な「ギルド」、すなわち同業者組合でした。封建制の中世ヨーロッパで組織された、商人たちによる相互扶助的な組合。組合員の利益を守ることを最大の目的とし、厳格な徒弟制度に基づく排他性が大きな特徴です。ただ、年を重ねて『M－1』は徐々に楽市楽座の形へと変貌してきました。

ちなみに余談ですが、「ひな壇芸人システム」というバラエティ番組の一様式は、典型的なギルドでしょう。芸人が自分の立ち位置と役割をわきまえながら、助け合いの精神で集団の利益を維持する。そして大きなタレントに気に入られていじってもらうという横並び意識です。

楽市楽座とギルド、どちらがいいという話ではありませんが、『レッドカーペット』も『M－1』も、ギルドではないところに番組の基本思想があるというのはここで強調しておきます。

## 芸人という切符の過大な発行

脱線のついでに触れますが、『M－1』という番組の認識についてひとつ注意すべきは、

『M－1』の優勝者＝テレビ番組で大活躍できる人」ではないということ。そのあたりを、視聴者だけではなく出場するほとんどの芸人が勘違いしているために、「『M－1』で優勝したのに（テレビで）いまいち活躍していない。だから『M－1』の存在意義は……」という間違った理屈が横行しています。

『M－1』はそもそも、「漫才」という特殊なジャンルで日本一を決めようという番組なのです。番組開始時の二〇〇一年時点で、「漫才」は、テレビ界・お笑いバラエティ界において既にやや時代錯誤的なコンセプトでした。その時代錯誤はもちろん狙ってやっているわけですから、優勝者がテレビの世界で生き残っていけるかどうかはまったく無関係なのです。

つまり、そもそも『M－1』が二〇〇一年当時のお笑い番組のアンチテーゼとしてスタートしているわけですから、『M－1』で一躍スターダムにのし上がろうというのは間違った考え方。むしろ世の中の凡百のテレビ芸人とは別の道を選び、求道的に漫才を極めていくのが『M－1』を目指す芸人の本当の姿なのです。

極論すれば、『M－1』優勝者は売れなくても価値のある人たちなんだ――ということです。

例えば明石家さんま、紳助竜介といった人たちは、東京に行って売れることを選びましたが、オール阪神・巨人は大阪に残って漫才をやり続けることを選びました。どちらが偉いかという話ではなく、両者とも己を見極めて己の道を選択した尊さがあります。

『M－1』というチャンスをもらったとしたら、それを活かして漫才の王道でやっていくのか、あるいはテレビタレントとしてやっていくのか。とんねるずやダウンタウン、ウッチャンナンチャンのように、自分の名前を冠した番組を持つことを目指すのか。あるいは、ドリフターズや欽ちゃんのように大きな存在になりたいのか。芸人はこうした問題意識を持つ必要があるし、芸人を育てる立場にいる人たちも、この点を理解しておかないといけません。

『M－1』に対する誤解以上に問題なのは、二〇〇〇年代後半のお笑い界を巡る状況が、「お笑いブーム」ではなく、単なる「芸人ブーム」だということです。芸人という切符を、多くの人がもらいすぎている。これは芸人ブームというより、「芸人バブル」と言った方がいいかもしれませんが……。時代が求めている数より過大な枚数の「芸人切符」が発行されたため、世でお笑いのインフレが起きているのです。芸人ひとりひとり、芸ひとつひとつの価値が下がってしまっている。

テレビ番組の枠が沢山あるうちは、切符を一枚しか持っていない芸人でも声をかけてもらえます。しかし番組が淘汰され適正な数の番組だけが残るなら、そうはいきません。一人につき芸人切符を一〇枚持ってこないと、番組には出られなくなります。

昔は一人一人の芸人の立脚点・役割が、もっとはっきりしていました。だから『夢逢え』は二組と二人の芸人で十分回せたけれど、今は三〇分のバラエティでも五組や一〇組は平気で入れますし、三組で回せる番組に「ひな壇芸人」として八組、一〇組出演させるのもざらです。

こういうことによって、一枚の切符の価値が、低くなりすぎてしまったのです。だから芸人バブルの後にインフレがやってきた。経済政策の場合は、インフレが起きたら金融を引き締めます。今後はそれと同じように、「お笑い中央銀行」が、なかなか芸人にさせない、なかなかテレビに出さないという、金融ならぬ「お笑いの引き締め政策」をやって、一人一人の芸人の価値を高めていくしかありません。

不思議なことに、若手芸人の間でこれほどのインフレが起こっているのに、テレビの世界では、たけしさんやさんまさんのような大物芸人の存在価値がなかなか下がりません。若手だけが、一山いくらで売られているような状況なのです。

芸人はもちろん、彼らと一緒に仕事をするテレビマンや芸能関係者は、こうした状況を把握して、次にどんな手を打つべきかを真剣に考えるべきだと思います。

## テレビの存在意義

さらにテレビ界全体に視点を引いてみると、状況はもっと深刻です。

日本でテレビ放送が始まったのが一九五三年ですから、この本を書いている二〇一〇年現在、間もなく六〇年が経つということになります。人間でいえば、いよいよ還暦を迎える時期。この年齢になると、人は自分の過去に呪縛されるようになります。青春時代は自分の目標と自分の生き方が一致していたけど、還暦にもなると、「自分の人生はこれで良かったんだろうか」と反省する――。残酷に言えば、歴史に学ばなかった者は、今になって歴史に復讐されるというわけです。

「知らない」がゆえに純粋でいられた幸福な時代は終わりました。還暦を迎えるに当たってもう一度青春を取り戻さない限り、テレビの時代は二度とやって来ないでしょう。青春を取り戻すには、テレビマンが必死の覚悟で戦うしか方法はありません。

今のテレビ界の悲劇は、たったひとつの物差しで、全てを判断しようとしていることにあります。僕はフジテレビ時代、青少年委員会だったか民放連だったか、放送倫理上の問題を検討する委員会によく呼ばれていましたが、ある時「あの番組は何の役にも立たない。いかがなものか」と言われたのです。ほとんどのテレビ関係者は、目を伏せて押し黙っていました。でも僕は、どうしてもその発言を聞き流すことができませんでした。「くだらなくて何が悪いのか」と、猛然に反論したのです。

「娯楽って何でしょう？　エンターテインメントって何でしょう？　そもそも人が幸せになることって、どういうことでしょうか？　そこに役立つ、役立たないという物差しを当てはめるのはおかしいんじゃないですか」。僕の反論の主旨はそういうことでした。

残念ながら、今はその物差しがさらに広い場面で使われています。それはおそらくテレビの責任ではなくて、国民一人一人の責任。今の世の中は、「実利的に役立つか、役立たないか」で、全ての物事が判断されてしまう傾向にあります。実生活に役立つ内容の本ばかりが売れ、仲間内ですぐ話のネタになりそうなテレビ番組ばかりが支持される。役に立つことを知りたいとばかりにみんな勉強ばかりしているけれど、それが本当に幸せなのかということについては、誰も考えようとしません。

ギリシャやローマ時代の芸術や、我が国の万葉集を思い起こしてください。役立つか、役立たないかの物差ししかなければ、絶対に生まれなかった数々の古典芸術があります。これは果たして無駄なものでしょうか？

彫刻や歌が、当時ストレートな意味で「役に立つもの」だったはずはない。しかしながら今日では、文化、芸術、芸能という、世界で最も人の役に立つものになりました。全ての人がすぐにその役立ち方を理解できるわけではないけれど、人類はこれらを価値あるものとして大切に守ってきたのです。

例えば、井原西鶴や近松門左衛門は江戸庶民にとっての大衆娯楽でしかありませんでした。しかし今は教科書に載るほどの文化、芸術、芸能に分類されている。ドリフターズや欽ちゃんもまた、二〇世紀の僕たちにとっての大衆娯楽として、心の楽しみと生き方を教えてくれました。

崇高な絵画も、壮大なオペラも、毎日観ているテレビのクイズ番組も、人の心の欠けた部分を満たすものとしては皆同じです。バッハの荘厳なミサ曲であれ、ビートルズのヒット曲であれ、流行のラップであれ、大切なのは、それが自分の心を満たしてくれるかくれないかという一点だけ。それ以上に人間の心が求めるものなんてありません。どんなにくだらないと言われるテレビ番組でも、それを観て心が豊かになる人がいれば、存在価値があるのです。

僕の母親は、毎日朝の五時から働いていました。お店に来ている人のご飯を作り、日中ずっと働いて、一日の終わりにやすきよ司会の『モーレツ!!しごき教室』(毎日放送)を観てゲラゲラ笑った後に、スーッと眠りに就いていました。母親にとっては、あのドタバタバラエティがモーツァルトの音楽のようなものだったのかもしれません。

西鶴や近松は古典になり、現代においては娯楽以上の高い評価を与えられています。ドリフターズや欽ちゃんだってそうならないと、誰が断言できるでしょう。それが歴史に残るかどうかは、後世の評価を待つしかないのです。

こうした観点からすると、すぐに役に立つ、立たないという物差しが、いかに馬鹿げているかお分かりいただけるでしょう。実利的な意味だけで「これは役に立つ」と思った番組で、心が豊かになり、何度も観たくなるものがあるでしょうか。

ここで、テレビの特質についてもう少し考えてみましょう。

もし世の中に、「実生活に役立つか、役立たないか」の物差ししかなければ、大半の知識など無駄なものです。そしてテレビは、その無駄な知識を効率よく身に付けるために作られた最高の装置。テレビが文学や映画に比べて評価が低かった時代に、テレビマンたちは様々な努力をしました。文学に負けたくない、映画に負けたくないと痛切に思い、自分たちにできることを深く考え、自分たちなりの主義主張や美学を、テレビに盛り込んできたのです。

その結果、テレビは「教養」を伝えられる装置になりました。「教養」とは実利的な知識のことではありません。文化、芸術、芸能などもろもろをひっくるめた、言ってみれば「無駄な知識の集大成」。しかしその無駄を楽しめることが人類の優位性であり、テレビの特質なのです。中世ヨーロッパにおける宗教的事件『カノッサの屈辱』を番組のタイトルに付けるということが、まず素晴らしい「教養」ではありませんか。


むしろ現代の問題は、八〇年代以降、テレビがメディアの王者になってしまったことでしょう。かつて渡辺プロダクションの創業者・渡辺晋は、大衆芸能の地位が社会的に低かった昭和三〇年代、歌舞伎や能、バッハ、ベートーベンだけが素晴らしいのではなく、アメリカ文化に代表される大衆芸能、大衆文学、大衆音楽がいかに素晴らしいかを日本中に伝えようと思い立ち、それを実践してきました。

ところが、大衆文化の先鋭たるテレビがメディアを席巻した結果、今や世の中は完全に大衆のものになってしまった。これがいいとか悪いとかではなく、大衆文化「しか」なくなってしまったのです。伝統芸能や芸術に負けじと頑張ってきたテレビマンは、今度は何に対抗心を燃やしていいのか分からなくなってしまいました。

これは勝者の混迷、つまりテレビを巡るもうひとつの不幸です。

## ネットとテレビの根本的な違い

テレビの青春時代を取り戻すために、テレビマンは「役立ち度」ばかりを重視する最近の日本人に立ち向かう必要があります。その「役立ち度」を極大化するのがインターネットの「検索」という思想。一方のテレビは、「検索」とは真逆の「総合編成」という思想に基づいて成り立っています。よくテレビを脅かすネット文化――という文脈でものが語られますが、二つのメディアが有するこの特徴をおさえていなくてはなりません。

では、総合編成とはなんでしょうか。例えば、本屋に行ってまったく知らなかった本に偶然出会うとか、これといった目的もなく入ったブティックで気に入った洋服を見つけるとか、そういった運命的な出会いを好む人は結構多いのではないでしょうか。この、検索によってピンポイントで目的のアイテムや情報に到達するのではなく、「ぼんやり見ているだけなのに、思わず引き込まれてしまう番組に出くわす」こと。これが総合編成というやつです。

そしてこの総合編成は、元来の日本人がとても好む形態でもあります。日本では専門チャンネルにあまり人気がありません。ケーブルテレビやCS放送には、スポーツチャンネルや音楽チャンネルなど数え切れないほどの専門チャンネルがありますが、どのチャンネルもそれほど多くの視聴者を集めているわけではないのです。

日本で地上波放送が好まれるのは、何も無料の民間放送が多いからではありません。どの局もニュースやドラマやバラエティなど、定番ジャンルの番組を満遍なく取り揃えた総合編成だからです。日本人は、「美味しいものを少しずつたくさん食べる」のを好みますが、総合編成という思想はそれにマッチしています。

ところが、今はテレビ局もエンターテインメント業界も自信をなくしていますから、ネットの勢いが増してくるや、番組をどんどんインターネット化（検索によるお役立ち化）に持っていってしまっているのが実情です。僕はそこに対して警鐘を鳴らしたい。

視聴者に伝えるべきは、そもそもテレビはお役立ちから逸脱した無駄な時間を提供する仕組みなのだということ。今すぐ役に立つものではないからこそ、視聴者はマインドリッチになれるのだということ。テレビが提供すべきはお役立ち番組ではなく、視聴者の心を豊かにし、何度でも観たいと思わせる番組なのです。

広告代理店の博報堂は、八〇年代に「分衆」というキーワードを打ち出しました。マスマーケティングの時代は終わり、セグメントされた少数の顧客を相手にする時代になったという意味です。テレビ業界では、視聴者層をF1（二〇～三四歳の女性）とかM2（三五～四九歳の男性）というセグメント単位で考えます。F1層をターゲットに若い男性タレントを揃えたドラマを作るのは、考え方としては間違っていませんし、実際長きにわたってその方法論で番組が作られてきました。

ただ、セグメントされた立場から考えてみたらどうでしょう？

自分は確かにF1層に属している。けれど、自分の中にはF1に納まらない〝何か〟が沢山あることも知っている。そう、セグメントされた自分なんて、自分の中のほんの一部分にすぎないのです。

この発想は、セグメント論から入る人にはなかなか分かってもらえません。インターネット的な発想として「あなたの買い物履歴であなたの趣味嗜好が分かります」と言われたら、確かにそのとおりだなあと、素直に納得してしまいます。でもよく考えてみると、それは決して自分が好きな物の全てではありません。もし全てだったら、誰も新しいジャンルや新しいカテゴリーの商品を買わなくなってしまいます。

こういうものが好きだという自分と、そうじゃないものが好きな自分。二人の自分は同時に存在する。僕は、それこそが人間存在の幅の広さだと思います。

だとすると、セグメントされない自分とは何なのか。曖昧模糊としていて、自分では明確に表現できない部分。僕はそれを、「ゆるい状態にある連帯」だと考えています。周りのみんなとフワッとつながっている自分。小さな集団に収まりきれない自分。別の言い方をすれば、自分が孤立した存在ではなく、世界の一部であるということを自然に実感できる状態。

大衆文化というもののカギは、ここにあるのではないでしょうか。一〇歳の子供も、二〇歳の若者も、六〇歳のお年寄りも、みんなが共通に求めるもの。その先にあるのが、大衆文化そのものなのだと思います。

考えてみれば不思議なことです。テレビは大衆のものになったのに、大衆の姿はいつの間にか見えなくなってしまった。大衆文化がどんなものなのか、テレビマンにも分からなくなってしまった。テレビが青春を取り戻すためには、この見えなくなってしまった大衆に向けて、新しい番組を作らなくてはなりません。セグメントにとらわれない新しい番組を提供しないと、ますますテレビの存在価値が問われることになるでしょう。

テレビマンはまず、凝り固まった今までの常識という「心のファイヤーウォール」を打破することから始めるべきです。

## 退職の理由は「フロンティアの喪失」

取材や講演の席でいつも尋ねられるのが、フジテレビを辞めた理由。僕はいつも、アメリカの歴史を引き合いに出して説明することにしています。

アメリカは、東部のたった一三州から国を作りました。未開の地であった西部をどんどん開拓し、ついには太平洋に到達して、さあどうしようかと思ったわけです。それでペリー提督が、黒船に乗って日本にやってくる。日本を開国させることはできたけれど、アメリカにとっての本家本元であったヨーロッパは、相次ぐ戦争や経済問題でボロボロになるまで疲弊してしまった……。

僕にとってのヨーロッパは、「旧来的な意味での体制側」といったアカデミックで権威的なもの全て。アメリカはフジテレビです。

どういうことかと言うと、僕はヨーロッパという「権威」にコンプレックスと対抗心を抱きながら必死でアメリカという「逸脱の象徴」を開拓してきたのに、ふと気付いたら、そのアメリカは非常にコンサバティブな、ある主の権威的な存在になってしまっていました。もはや開拓の対象ではなく、周りから打倒すべき敵だと見なされるほど大きな権力を持つに至ったのです。そんなはずではなかったのに。

だから僕は、小舟を漕いで太平洋に乗り出したのです。たった一人で、黄金の国ジパングを目指して。

僕はフジテレビの中にいながら様々なアンチテーゼを打ち出し、多くの番組を作ってきました。でも長年やってきた結果、今はもうフジテレビの中にアンチテーゼでいられる場所がなくなってしまったのです。こうなると、会社を離れて次のニューフロンティアを探すしかありません。

官僚にはなれず、逸脱感を抱いていた僕が唯一しっくりくる場所だった八〇年代のフジテレビには、荒くれ侍のようなディレクターやプロデューサーが沢山いて、世の権威に対向すべく、良識や規範を打破するような番組を次々と送り出していました。僕は彼らに揉まれながら、大衆文化の一端を担ってきたのです。これこそが大衆メディアです。

大衆メディアの本質は、メディアのプレーヤーが常に大衆文化と接していなければ、大衆性を維持できない点にあります。ところが、(これはフジテレビに限りませんが)九〇年代以降、テレビ局は官僚にも見劣りしないエリートが就職する一流企業になりました。一般大衆ではない、ある種の「貴族」たちが大勢会社に入ってきたのです。その結果、逆に大衆そのものの姿が見えにくくなってしまいました。

そんなテレビマンたちは、どんな番組を作ればいいのか分からず、混迷の最中にいます。開拓すべき場所を見出せず、自分たちの存在自体がエスタブリッシュメントになってしまった今、大衆へと続く道が見えなくなっても当然でしょう。

だから僕はこの土地を離れ、海の向こうを目指すことにしたのです。

僕が乗っている小舟には、コンパスがありません。頼りになるのは、宇宙の彼方にある動かない星だけ。自分では相当進んだつもりなのに、星の位置はまだちっとも変わっていないのが、なんとももどかしいのですが……。

自分は一体どこへ向かっているのか。太平洋を渡るだけにとどまらず、インド洋を越え、一周してヨーロッパにもし戻るのだとしたら? 旧体制的なヨーロッパの地で、政治や金融といった部分にも関わっていかないと、エンターテインメントの世界を変えることはできないのかもしれません。

僕はアメリカを旅立った身ですが、アメリカという国の偉大なところは、自己否定ができることだと思います。アメリカには偉大な歴史と忌むべき歴史がパラレルで存在しますが、アメリカ人は常に自分の国を批判することを忘れません。

そして、まったく同じことがフジテレビにも当てはまります。

フジテレビには伝統的に自分自身を批判するスピリットがあり、それがフジテレビのダイナミズムを生んでいるのです。退社してよく分かったのですが、この自己批判精神は、紛れもなくフジテレビならではの優位点。だから僕は、フジテレビには必ず揺り戻しがあると思いますし、いい方向にチェンジできると信じています。

## フジテレビが教えてくれたこと

さて、この本もそろそろ終わりが近づいてきました。フジテレビに在籍した二六年間で、僕はいったい何を学んだのか。仕事の厳しさ、競争の意味、同期の友情、仲間づくりの大切さ、人を育てることの重要性、失敗を認める勇気と、それを許す度量の広さ……こう書くと、どれもそれほど特別なこととは思えません。テレビ局に限らず、どんな会社に勤めていても学べることばかりでしょう。

でもひとつだけ、フジテレビでなければ学べなかったことがあります。

それは、〝大衆の中に神がいる〟という絶対的な真実です。

大衆という神を見つけたことで、僕がそれまで生きる拠り所にしてきた狭い教養主義が敗北するに至ったのです。

高校生の頃の僕は、教養さえあれば人生を勝ち抜いていけると信じている、生意気な少年でした。数学の試験までも暗記でクリアした僕は、知識の量と深さでは、誰にも負けない自信があったのです。

その自信は、フジテレビに入った後も、僕を支える精神的な支柱となっていました。大衆は衆愚であり、取るに足らない存在。だから教養に溢れた自分なら、大衆が望むものを簡単に作れるはず。心のどこかで、僕はそう思い込んでいました。ところが画面の向こうにいる大衆は、僕の想像を遥かに超えた大きな存在だったのです。

大衆は一瞬の熱狂や流行のムーブメントでころころ考え方を変えるし、そもそも主義主張があるかどうかも疑わしい。でも、大衆は必ず反省する。ここが大事なところで、大衆が一瞬支持しただけのものは熱狂が冷めたらすぐに消えてしまいますが、反省した大衆が支持したものの中には、必ず崇高で普遍的なものが存在するのです。

そして、大衆は決して騙されません。

本当にくだらないものは誰も観なくなりますから、歴史の中で遅かれ早かれ淘汰される運命にあります。残ったものこそが大衆文化であり、それは僕たちがこれからも大切に守らなければならない文化遺産なのです。

そう。大衆文化は教養主義と完全にイコールの価値を持つ――。「テレビは教養を伝える装置だ」とはそういうことです。このことに気が付いた僕は、それまで蔑視していた大衆に、完全に敗北しました。自分の中の教養主義を反省し、大衆という神にひれ伏し、新たな気持ちで番組を作ることになったのです。

大学卒業時、大きな逸脱感に包まれていた僕は、どうせ馬鹿をやるなら徹底的にやってやろうと思ってフジテレビに入社しました。あれから長い年月が経ち、得たものも失ったものも沢山ありますが、僕の中にいる〝大衆という神〟だけは、これからも決して消えることはないでしょう。それが僕の唯一の拠り所なのですから。

最後に。もし読者のあなたが、テレビやエンターテインメントの仕事に携わっていたり、目指していたりするなら、〝大衆という神〟に敬意を表した上で、ぜひ覚えていてほしいことがあります。

テレビという表現手段にかかわらず、「人の心を満たす何か」を作り出せる人になってください。メディアは変わっても、常に「必要とされる人」になれるよう努力してください。

生きていて一番楽しいのは、周りの人から「あなたが必要だ」と言われることなのだから。

『幸せって何だっけ ～カズカズの宝話～』の現場にて

インタビュー・吉田正樹

# 師横澤彪〔ひょうきんプロデューサー〕の証言

横澤彪（よこざわ・たけし）

1937年生。東京大学文学部卒業後、1962年にフジテレビ入社。主なプロデュース番組は『ママとあそぼう！ピンポンパン』『THE MANZAI』『スター千一夜』『笑ってる場合ですよ！』『森田一義アワー 笑っていいとも！』『オレたちひょうきん族』など。『ひょうきん族』での通称は〝オジン〟。1995年3月、フジテレビを退社。吉本興業の常務東京本社代表、専務取締役東京本部本部長を務め、2005年に退任。その後は鎌倉女子大学児童学部の教授を2008年まで務める

**痩せた田んぼをもらって耕した、みたいな**

**吉田**　横澤彪さん。伝説の人物ですよ、今の若者たちにとっては。少年時代に見ていたテレビの人、という。

**横澤**　いやいや（笑）。

**吉田**　まずこのご質問からいきましょう。ズバリ、ひょうきんディレクターズのことなんです。僕から見ると、横澤さんとひょうきんディレクターズは非常に仲が悪かったように見えていたのですが、横澤さんからはどう見えていました？

**横澤**　彼らはプロダクションの社員で、ある日突然フジテレビの社員になった人たちですからね。俺から見ると、お前らどこの社員だよという感じ。おしなべて自分のことしか考えない人たち（笑）。

**吉田**　部下を育てないし、何も教えてくれない人たちでした（笑）。『オレたちひょうきん族』のスタジオではスタッフがとても疲れているんですが、『笑っていいとも！』に行くと、横澤さんのカラーがあって、いらっしゃいという感じなんです。とても明るくて文化的でした。

**横澤**　ひょうきんディレクターズは、ファームから一軍に上がった野球選手だったんだよ。最初は、意気に感じて猛烈なエネルギーを出して、落ちまいぞと頑張るんだけど、それが何年かするうちに「自分を大事にする」という方向になった。

**吉田**　でもディレクターって、本質的にそういうところがありますよね。何事も自分。自分が楽しければいいんだという。だから『ひょうきん族』時代の僕は、いつも閉塞感を感じていました。

**横澤**　ディレクターが五人もいたしね。多すぎるといえば多すぎる。それにね、そもそもディレクターとプロデューサーは仲がいいわけないんだよ。仕事的に考えても。

**吉田**　でも『笑っていいとも！』はそうではなかったでしょう？　誰が見ても横澤カラーが出ていて、いい感じでしたよ。

**横澤**　そうでもないよ。大変だったからね。『笑ってる場合ですよ！』から『笑っていいとも！』になった時に、やりたくないって逃亡したやつがいるんだから。三宅恵介とかさ（笑）。「どうせ当たらないから嫌だ」って逃げたのが他にも何人かいる。それを補充しなくちゃいけないってのもあったし。

**吉田**　八〇年代、横澤さんはどういう意識でフジテレビにいらしたんですか？　楽しかったですか？

**横澤**『ひょうきん族』が始まる頃のことで言えば、あまり楽しくはなかったね。だって、みんなが痩せた田んぼをもらって耕した、みたいな感じだったもの。肥沃な土地をいただいて、さあ行けって話じゃないわけで。数字が取れないところをやりなさいと言われて、どうすんだ、ここで……と思いましたよ。その分、目指すのは成功だけという気になりましたけどね。

**吉田**　そのころADとして入ってきた吉田を、横澤さんはどう見てました？

**横澤**　手が早いやつだなと思ったよ（笑）。女性にはとても丁寧に教えていたからね。でもなあ、こんなに長く続くとは思ってなかった。絶対、ひょうきんディレクターズにいじめられるから。そこからコンチクショウとのし上がってくればいいと思ってたんです。

**吉田**　いじめられたというか、冷たくされました。

**横澤**　シカトされたというか。

**吉田**　時々ブイブイ言わすような店に連れて行っ

てもらった記憶はあるんですけどね。『ひょうきん族』にいた時は、『笑っていいとも!』のスタッフの方が横澤さんと一緒にご飯食べに行ったりすると羨ましくて。でも自分が『笑っていいとも!』に異動になったら、横澤さんは忙しくてあまり構ってもらえず、みたいな。

**横澤**　ほう。

**吉田**　横澤さんの『ひょうきん族』における役割って、結局どんなものだったんですか?

**横澤**　『ひょうきん族』は独特の作り方だったからね。ディレクターが五人もいて、しかも分科会みたいにそれぞれが自分のコーナーを持っていて、最終的に編集するのは三宅という決まり。だけど時たま、自分の撮ったコーナーがまったく放送されず、これはどういうことなんだみたいなこともあってさ。

**吉田**　大体、永峰さんがムカっとした顔して(笑)。

**横澤**　当人同士でケンカしている間はいいんだけど、こっちに泣いてくる時もあるでしょう? だから俺は、五人が独立した感じでやってる仕事を、適当にハメる役割であればいいんじゃないかと思ってた。

**吉田**　適当に(笑)。当時、「ひょうきん懺悔室」で神父をやられていたから、スタジオには必ずいなくちゃいけなかったですよね。あれは楽しかったですか? それとも面倒でした?

**横澤**　スタジオにいるのはしょうがない。終わりまでいなくちゃいけないから。ただ、俺が現場で忙しくしていたのはけっこう短い。『ひょうきん族』と重なる七年間だけだよ。四~五〇代だったから、一九八〇年~八七年くらいかな。

## タレントはあまり好きじゃない

**吉田**　横澤さんは五〇代で現場を離れてますけど、心残りはありませんか？

**横澤**　ない。ないよ。

**吉田**　でも横澤さんのために、いろんな役職が作られましたよね。

**横澤**　結局、俺に現場をやれということでね。つまり、番組をもっと作れという会社のご要望じゃないですか。なのに俺が部長っていうのは矛盾しますよと。だから、ハンコ押すのがうまい部長は別にいる——ということからできた俺の肩書きが、専任部長第一号、ゼネラルプロデューサー第一号、専任局長第一号。エグゼクティブ・プロデューサーも第一号。

**吉田**『ひょうきん族』や『笑っていいとも！』を人に渡す時は残念じゃなかったですか？

**横澤**　全然。逆にホッとした。

**吉田**　後継者指名はされたんですか？

**横澤**　偉い人から突然、君は辞めなさいと言われたわけだからね。で、『笑っていいとも！』は佐藤がやる、『ひょうきん族』は三宅がやればいいんじゃないのと、そういう割り振りはしましたよ。

**吉田**　佐藤さんは一応、キャラ的に最もプロデューサーらしいですね。

**横澤**　そう。ただ、彼も難しいんだよね。カッコつけちゃうから。カッコつけないと生きられない、みたいなとこがあるから。でもプロデューサーはカッコつけちゃうとまずいでしょ。本当はカッコつけないやつがいいんだよね。

**吉田**　でも横澤さん、あの人たちを上手く使っていらした。

**横澤**『ＴＨＥ　ＭＡＮＺＡＩ』なんかだとね、ネタを沢山見ているということにおいては佐藤が一番でしたよ。永峰明はそれ以外のデコラティブな部分ですごく能力があったと思う。そこに星野淳一郎がピタッとくっついて。

**吉田**　横澤さんから見て、当時の星野はどんな人物でしたか?

**横澤**　すごく優秀だと思いましたね。仕事が細かくて、正確で。ついでに背も高くて。

**吉田**　僕から見ると、横澤さんは星野をとても頼りにしていたように見えました。裏番長的存在といいますか。

**横澤**　星野は社員じゃなかったけど、とても役に立ってくれたからね。『THE MANZAI』でスタジオに呼ぶお客さんをどうしようかという時に、あいつにはアイデアがあるわけ。例えば、大学のお笑い系サークルに電話して、ギャラがいるのかいらないのか、来るのか来ないのかを聞いてみましょうよ、なんてことを言い出すんです。『THE MANZAI』で学生にターゲットを当てたのも、彼の意見からですよ。

**吉田**　佐藤さんとか上の人は?

**横澤**　演者をどうするかとか、舞台をディスコにしたい、みたいなことで悩んでたなあ。

**吉田**　『THE MANZAI』の演者さん選びは難しかったらしいですね。

**横澤**　出演者関係は結構難しかった。あいつが出たら自分は出ないとか、東京と大阪で演者の取り合いとかもあるし。あの頃、吉本興業の林正之助会長からね、絶対に劇場の出番を抜いてはいかんという指示があったわけですよ。それをどうやって誤魔化すか。現場には大変な苦労があったはずです。

**吉田**　最初の牽引者はやすきよ(横山やすし・西川きよし)だったんですよね。後ろの方にツービートがいてという感じ。

**横澤**　そう。

**吉田**　たけしさんやさんまさんとは、どのようなお付き合いをされてたんですか？

**横澤**　あまり付き合わないよ。すぐそこにたけしさんの店があるからたまに行ったけどさ。しょっちゅう行くわけじゃない。タレントはあまり好きじゃないんだ。

**吉田**　七年間のプロデューサー時代で、一番ハートフルに付き合った人は誰ですか？　作家の高平哲郎さん？

**横澤**　高平さんとは四谷のホワイトってバーでよく飲んだね。僕は六本木じゃなくて四谷。当時は漫才ブームで、自分だけ置いていかれるのはいやだと言って、さんちゃん（明石家さんま）がしょっちゅう来て売り込んでた。酒なんか全然飲めなかったのに。

**吉田**　タモリさんとは？

**横澤**　タモさんとはねぇ、飲む回数はそんなに多くなかった。

**吉田**　忘れもしないんですけど、横澤さんの送別会というのがあって、たけしさん、タモリさん、さんまさんが一同に会したんですよ。タモリさんは横澤さんがいなくなることをちょっと心配なさってたけど、たけしさんは自由に振舞っていた。「たけちゃんはいいよなぁ」とタモリさんがクダ巻いて。横澤さんがお帰りになった後も『笑っていいとも！』の今後が不安で、タモリさんだけが酔ってたのを覚えてるんですけど。

**横澤**　ほう……まあ、ね。そうかもしれない。あ、吉田正樹について喋ればいいんでしょう？この人がどういう男だったかを（笑）。

## 全てなかったことにしてほしい

**吉田**　当時、僕をどんなふうに見ていましたか？　横澤さんは星野ばかり可愛がられてたから、正直、悔しかったんですけど。

**横澤**　俺があなたをものすごく可愛がって、どこへ行くにも連れて歩けば、あなたは余計にやられますよ。ボコボコにやられる。それをあえてやる必要はないわけでね。星野をなぜ評価しなくちゃいけないかというと、やっぱり仕事ができたからね。

**吉田**　『テレビ夢列島』も、彼は高校生のときに自分で企画書を書いたと言ってますが。

**横澤**　いやぁ、嘘でしょう。

**吉田**　欽ちゃんを見てそういう企画書を書き、後に横澤さんから呼ばれて「星野、あれが番組になるぞ」と言われたと。伝説として、本人が語ってるんですけど。

**横澤**　それは妄想だよ（笑）。

**吉田**　そうなんですか……。当時、四階の会議室にみんな集められて、横澤さんが全スタッフにこれやるからと言われた。みんな、「はあ？」ってなったことをよく覚えています。

**横澤**　二四時間を一つの番組と考えたらカッコいいでしょ。そしたら営業が猛反対してね。番組を沢山作らないとスポットCMを売り込む隙間がなくなってしまうじゃないかというわけ。そこで一日のCM時間を全部計算して、その合間にコーナーを作ることにしたんです。その時に台本を作ったのが、星野淳一郎と山縣慎司でね。企画書の件は妄想だったけど（笑）、CMとCMの間に本編があるなんて、実に画期的な発想でしたよ。

**吉田**　なるほど、そうでしたか。横澤さん、ほとんどの番組は頼まれて作られたようですけど、自分から作りたかった番組で一番気に入っているものは？

**横澤**　あまりないよ。できれば、全てなかったことにしてほしい（笑）。

**吉田**　横澤さんはもういらっしゃらなかったけれど、『ひょうきん族』の終了後は、ぺんぺん草しか生えないような状況になったと思うんです。僕たち若手は途方に暮れました。それで、若手のウッチャンナンチャンとダウンタウンで『夢逢え』を作ったんです。

**横澤**　よく営業が金出したよね。

**吉田**　（笑）。『夢逢え』は、横澤さんにはどう映ってました？

**横澤**　いい番組じゃないですか。ハーモニーがちゃんと取れていて。新進気鋭のタレントを使って、ほかの人をあまり出さないという。

**吉田**　一回目の収録が終わった時、浜ちゃんが「やっぱりフジテレビはすごいな。一回出たら普通のサラリーマンの月給くらい貰えるんやもんなあ」と言って帰ったんです。でも今、あの人は一回来たら普通の人の年収稼いでいきますもんね。

**横澤**　あはは。

**吉田**　その頃は、外からあたたかく見守っているという感じでしたか？

**横澤**　そうですね。佐藤がやればいいという感じかな。

**吉田**　佐藤さんにムカついたり、逆に佐藤さんから攻撃されたことはなかったですか？

**横澤**　ないない。三宅は攻撃してきたけどね。一方の山縣は非常にいい潤滑油というか、若者頭みたいな役割を果たしてくれてましたね。

**吉田**『笑っていいとも！』ADの時、僕は金曜日の担当で、山縣さんがディレクターでした。

**横澤**　『笑ってる場合ですよ！』の時からディレクターは五人置いてて、月曜誰々、火曜誰々でやると言ったらさ、いきなり脇からクレームが入ったんだよ。「あんな若いやつをディレクターにするとはけしからん」と。山縣と永峰明のことだよ。永峰はすごく若かったから、僕も理屈を考えました。「彼はADなんですよ、本当は。ADだからセンターに座りますよ、でも人がいないからディレクターもやりますよ」とね（笑）。

**吉田**　当時僕は、「センターは大事な役割だからディレクターがやる」と聞かされてました。逆だったんですね。そのくらい人がいなかったというわけですか。後世から見ると、あの頃はキラ星のごとく人材がいたような気がするんですが？

**横澤**　それぞれ輝く時があって、良かったんじゃないですか。佐藤は『THE MANZAI』の時にガーッと輝いていたと思うんですよね。死にそうなくらい熱出して寝てても、本番になったら起き上がってやるとかね。熱烈たる闘志を持って臨んでいた。キラキラしていたと思うよ。荻野繁も輝いた時はあると思うし。でもそれをなかなか持続できないのがディレクターの宿命なんだよね。

## 吉本入社は、お笑いの探検

**吉田**　それで次第にみんなフジテレビを去っていくと。横澤さんは一九九五年、先駆的に辞められましたけど、若すぎでした？　それとも辞めるには遅かった？

**横澤**　確実に遅かったたね。もっと早く辞めていたら、その後の人生が変わっていたかもしれない。俺はとにかく、鹿内春雄さんが議長だった時、参議院選挙に出ろといわれたのが一番ショックだったわけ。政治家なんてまったく向いてないからね。「無理ですよ」と言ったら、「そう言うなよ。フジサンケイグループとして応援するから」と説得されて。もう、本当に嫌でね。どうしようかと思っている時に、春雄さんが一九八八年に急逝されたでしょ。

**吉田** 選挙の話自体がなくなってしまった。

**横澤** うん。だけど参院選に出させるために、持ってる仕事を全部放り出しなさいということだったからね。手持ちの現場仕事は、なくなってしまっていたわけ。あともうひとつ、レコード会社に社長として行く話があってね。

**吉田** ヴァージン・ジャパンですね。給料上がったんですか？ 待遇的に偉くなったとか？

**横澤** いやいや何もなし。社員でやっているのと同じだよ。出向だもん。

**吉田** じゃあ、フジテレビをお辞めになろうと決心した理由は？

**横澤** ええと、まあ何ていうんでしょうか。やることもうないし。かといってレコード会社には全然向いてないし。社長も不向きだと分かりましたんで（笑）。

**吉田** フジテレビをお辞めになってすぐ、吉本興業に入社されましたね。僕は、吉本は横澤さんに恩義を感じるべきだと思うんですよ。赤坂の小さな東京支社だったのを、東京のちゃんとした大会社に育て上げたんですから。芸人も随分生み出したし、マネージャーの教育も行った。

**横澤** しましたよ。タレントと一緒に現場にも行きましたしね。

**吉田** なぜ吉本に入られたんですか？

**横澤** 吉本自体はもちろん前から知ってるけど、ここは一体どういう会社なんだと興味があったわけね。会社としては小さいんだけど、あんなにタレントがいっぱいいる会社も珍しいでしょ？ 探検だね。お笑いの探検。

**吉田**　探検の割には長くいらっしゃったと思いますよ。

**横澤**　それはね、二〇〇五年に亡くなった林裕章さん、当時はまだ社長ではなかったですけど、彼が「頼むから東京にいてくれ」と言うんだよね。自分が大阪から東京に行ってもなかなか馴染めないから、なんとか頼むというわけ。

**吉田**　しかし、あの、横澤さんにものを頼む方は、必ずその途中で亡くなってしまうという……。

**横澤**　恐怖のジンクス（笑）。

**吉田**　あの方たちがもう少しご存命だったら、お笑い界の景色も変わったんでしょうか？

**横澤**　変わったでしょうね、おそらく。

## 君の結婚は大変なことだよ

**横澤**　吉田正樹の話に戻ろうか。僕の目から見たら、君はピカピカの秀才、本当の秀才なんですよ。それがフジテレビに入ってきた。無駄な経歴持って（笑）。

**吉田**　自分で言うのもなんですけど、よく現場の中で頑張った方でしょう（笑）。時々、報道や編成のほうが向いてたんじゃないかと思う時もあるのですが……。

**横澤**　僕から言うと、編成マンが一番いいんじゃないかな、フジテレビの中では。吉田正樹に編成を仕切らせたら素晴らしかったと思いますよ。

**吉田**　テレビの世界にいる限りは編成部長をやってみたかったなあと思いますし、やっている人はちょっと羨ましかったですね。

**横澤**　なんで吉田正樹が編成部長になれなかったか。それはやはりフジテレビの不抜の伝統というか、そういうものの成せる業ですね。最初から嫌いなの、「Tの字」が（笑）。聞くだけで嫌なんですよ。いまだにそうでしょうね（大爆笑）。

**吉田**　横澤さんに「私、結婚しようと思います」と言った時、横澤さんは「大変なことだよ」とおっしゃいましたが、僕はその意味が分かりませんでした。あれは不幸になると思ったんですか、幸せになると思ったんですか？

**横澤**　うーん、そこんところはよく分かりませんな。あの瞬間はねぇ、ちょっとリスキーな部分も背負ったかなあと、そういう気がした。正直言って。

**吉田**　リスキー、ですか？

**横澤**　いろんな力関係が作用しているということじゃないでしょうか。リスキーの意味はこうですよ。渡辺プロというのは、思っているよりずっとこの業界のパイオニアで、大きくて、優良資産を沢山持っている。今はそう思わない人もいるかもしれないけど、そうじゃない。今だってかなり大きな底力のある会社ですよ。しかも元社員がいろんな形で自分で事務所をやったり、プロダクション経営しておられるでしょ。そういう人たちが集まると、これは相当大きな力になる。そこのお嬢様と結婚するというのは、やはり覚悟がいることですよ。しかもお母様は名うての女傑でいらっしゃる。

**吉田**　まだまだ元気なんですよ。いや、嬉しいことに（笑）。

## 有料にしてチャンネルを減らそう

**吉田**　横澤さんは今もネット上でテレビ番組につ

いていろいろと書かれていますけど、現在のフジテレビをどう思われます？

**横澤**　まあ、とにかく上手だね。

**吉田**　辞めた吉田についてはどうでしょう？　僕は横澤さんがお辞めになる時、自分は辞めないだろうと思ってたんです。でも横澤さんより若くして辞めてしまいました。

**横澤**　辞めたほうがよかったよ。要するに、中にいるとフジテレビ的な見方しかできないわけですよ。一度そこから離れた方が、もっと面白いことができる。フジテレビ的発想を端的に言えばね、番組を作る立場で言えば〝ノリのいい面白い番組が一番〟という価値観です。会社を辞めると、日に日に感じることが変わってくる。これから大事なことは、道を渡って変な空間を見るみたいなことに、意識を切り替えることができるかどうかですよ。

**吉田**　テレビ人の晩年って、何が幸せなんですか？　よく自分が全盛期にやった番組をビデオで見て楽しんでいる人がいますね。僕はあれもどうかと思いますが。

**横澤**　同感だね。佐藤はそうなりそうな気がする。

**吉田**　青春時代にピカピカしていて、なかなか老年になりづらい職種なんですかね。会社で偉くなっている人を見ても、あまり幸せそうに見えなかったりして。

**横澤**　とりあえず、テレビ業界自体がどんどん価値を落としている気がする。だから、今はあまり「テレビ局のOBです」と言わない方がいいかなと（笑）。

**吉田**　芸能プロダクションの幹部って、年を取ってもギラギラしていて、「まだ俺が！」って感じなのに、テレビ人は歳を取ると、テレビはもう観たくないという方向になりがちですよね。自分の過去を否定するみたいな。そこがちょっと残念なんですけど。

**横澤**　なんでこんなになっちゃったんだろうという気はするね。

**吉田**　もし若い人が横澤さんに「弟子にしてください」と言ってきたら、どうしますか？

**横澤**　教えることがないよ。インターネットや携帯電話が出てきて、そっちがメインになってしまった。若い人にとって、テレビはもう古いメディアなんです。ある時点でテレビがちゃんとすれば良かったんだけど、ちゃんとできなかった。無理ですよ。だって、やらないと言ってた色んな業種のCMやるんだもの、そりゃ崩れますよ。でも日本のテレビを一番悪くしたのはやっぱり某広告代理店だよね。一番高い金を持ってくるからしょうがないんだけどさ。

**吉田**　広告代理店とテレビ局の付き合い方は、どういう形がベストでしょうか？

**横澤**　難しい質問ですね。と言うのは、クライアントはテレビというメディアを睨みつつ、別のメディアも気にしておこうという構えになりましたから。今までのテレビは代理店に任せておけば良かったんですけど、そうもいかなくなってきた。

**吉田**　広告だけでは飯を食っていけなくなる。もしタダじゃなくなったら、人はテレビを観ますかね？

**横澤**　タダじゃない方がいいんじゃないかな。タダがおかしいんですよ。有料にしてチャンネルは減らす。これでいい（笑）。

**吉田**　テレビはなかなかバブルが崩壊しませんでしたよね。九〇年代になってもお金はあった。二〇〇〇年くらいまでありましたね。

**横澤**　今は急激にみみっちくなった。打ち合わせ代はないとか、タクシーチケットもないとか。経費でのゴルフは禁止とか。ボーナスも減らされたり。そういうのを見ると淋しい気持ちになりますね。

**吉田**　先ほどフジテレビは上手いとおっしゃいましたが、フジテレビに対して、もっとこうしたらいいんじゃないとか、こういう方向性で行くべきという思いはありますか？

**横澤**　上手いというのは商売上手という意味だよ。テレビというメディアをリードしていくとか、業界を良くしようといった高邁な精神はないと思う。あくまで作戦が上手いという話でね。でもそれは、俺を含めたみんなが作ってきた、良くも悪くもフジテレビの伝統なんだよ。

**吉田**　ところで横澤さん、物事をひねくれて見る習慣は若い頃からですか？

**横澤**　今でも十分、ひねくれジジイですからね。

**吉田**　自称ネクラじゃないですか。本当にお笑い好きだったんですか？

**横澤**　笑いは好きですよ、笑いは。でも、お笑い番組はどうかというと、そこはまた少し違う。やむを得ず生業になってしまいましたが。今のお笑い番組を見てもね、あまり笑えない。お笑いと称する番組はいっぱいあるけど、どうなんでしょうね。

**吉田**　今のお笑い界に対して何か。

**横澤**　うーん、底が尽きてきたのかな。お笑いはブームじゃなく、バブルだったんだね。だから近々崩壊するんじゃないですかね。

**吉田**　いよいよ門が閉じようとしている。芸人は今売れておかないと、テレビに出たからといって人気者になれる日は終わったと。

**横澤**　それでギリギリ残れる人が、どれくらいいるのかな。

## まじめに考えたら、馬鹿馬鹿しくて

**吉田**　今、五〇代の吉田正樹に、これからの処方箋を何かいただけるとしたら。これだけは気を付けておけとか。

**横澤**　まあ、基本は家庭だよ。家庭の幸せ。あなたはお子さんがいらっしゃらないから、早いとこ養子をもらって、自分の跡継ぎにするとか考えておかないと。

**吉田**　家庭が一番ですか。家庭が崩壊している人はだめですか？

**横澤**　だめでしょうね。昔はよく、家庭が円満なやつは現場では役に立たない、プロデューサーやディレクターは家庭が不幸な方が一生懸命仕事をするからいい、みたいな説があって、確かにそうだったんですが、今はだめでしょうね。

**吉田**　横澤さん自身は奥様と仲良くやっていらっしゃる？

**横澤**　そりゃもう。今は私、妻に這いつくばって生きてますので（笑）。

**吉田**　横澤さんは、「男のロマンは妻の不満」という名言を残されてますね。

**横澤**　昔はテレビ局に限らず、どこのサラリーマンもみんな会社のために尽くしますみたいとこがあったから、そのぶん家庭を省みる暇がなかったんですよ。それが今、急に暇になったからね。早く家に帰って、家で晩飯食うでしょ。土日にゴルフもできないわけでしょ。そしたら家にいるしかないじゃん。家庭とか、そういうものを大事にする。そういう発想をしていかないとだめじゃないかな。家庭って本当に大事。夫婦も子供も全てね。ますますそうなってくると思いますよ。

**吉田**　こうして改めて伺うと、横澤さんの人生って、かなり受け身ですね。

**横澤**　おっしゃる通り。これやれって回されたものを、嫌々やってきただけ。まじめに考えたら、馬鹿馬鹿しくて。

**吉田**　横澤さんから教えられましたよ。「まじめに遊べ、まじめにふざけろ」と。「ふざけてるねえ、は褒め言葉である」と。教えとしてしっかり書き留めてます。

**横澤**　それは、その通りではないでしょうか。

**吉田**　横澤さんにとって、僕、吉田正樹とは一言で言うとどういう存在ですか？

**横澤**　まあ、したたかな男ですね。煮ても焼いても食えないような（笑）。そういう意味では非常に素晴らしい男。褒めてますよ。つまり、硬い面や軟らかい面などいろんな面を持ち合わせていて、自分の思っている方向に人を引っ張っていくことが上手にできる。そんな才能の持ち主。だからフジテレビの外にいる方が、きっと天職なんだろうなと思います。

**吉田**　巷では坂本竜馬になりたい人が多いんですけど、僕は勝海舟になってみたいと思ってるんですよ。フジテレビ藩は脱藩したことになってしまいましたが、民間放送幕府に愛がありますから（笑）。江戸城明け渡しの時、もう一度出番がないかなあ。

**横澤**　なあに、こちら側の総大将としていればいいんです。民間放送幕府のお偉いさんは、みんな、あなたより早くくたばるよ（笑）。

（二〇一〇年四月一六日／構成・薄井テルオ）

## あとがき

今、不思議な気分でこの文章を書いている。

随分、遠い処へ来てしまった気もするし、本来自分の居場所はこうなのだという思いもしている。元来の天邪鬼な性質がもたらした人生の道のりは楽しくもあり、また若干の苦さもあった。

フジテレビで会った先輩・同僚・後輩達の顔が浮かんでくる。ずっと「青春」でいさせてくれたこの会社のことを思うと、懐かしさと切なさで、ちょっぴり泣きたくなる感じだ。少々の成功も数多くの失敗も、全てを大きく包んでくれた仲間に、感謝の気持ちで一杯である。

また、とりわけビヨンドをめぐる様々な出来事は一生忘れられないだろう。改めて、黄さんのご冥福を祈りたい。

本書は、フジテレビという文化装置を、歴史の中で、当事者にしか語れない感情の部分を大事にしながら、正直に記録として留めたいという思いから出版を企画した。無論、独りよがりな解釈で誤解があったり、異論のある点も多数あろうかと思うが、あくまでも筆者の個人的な立場で、見て、感じたことを率直に記したつもりなので、ご容赦のほどをお願いしたい。

フジテレビを退社して設立した「吉田正樹事務所」は、幸いなことに大勢の方々の応援を得て、テレビに限らぬコンテンツ制作や、新しい形のコミュニケーションを創造するお手伝いなどをさせていただいている。その中でも、フジテレビで引き続きバラエティやデジタルコンテンツに関われていることは、大きな喜びだ。

最近では、前著「怒る企画術！」の出版報告に訪問した北尾吉孝氏から、ＳＢＩホールディングスの取締役就任という予想外の要請などもあり、「金融とエンターテインメント」という新しい課題にも挑戦させていただく機会も得た。相変わらず、見知らぬ土地で何かを求めてさすらうのが自分の本性かもしれない。

最後に、本書の出版を企画し、ここまで導いて下さったキネマ旬報社の稲田豊史氏と、的確にまとめていただいた薄井テルオ氏に、改めて感謝申し上げます。

読者の皆さんと、いずれどこかのフロンティアで再びお会いできる時を楽しみにしています。

二〇一〇年　東山の事務所にて

人生で大切なことは全部フジテレビで学んだ
～『笑う犬』プロデューサーの履歴書～

2010年7月30日　初版第1刷発行

著　者　吉田正樹
発行人　小林 光
編集人　青木眞弥
編　集　稲田豊史
協　力　マセキ芸能社
発行所　株式会社キネマ旬報社
〒107-8563 東京都港区赤坂4-9-17 赤坂第一ビル
電話03-6439-6487（出版編集部） 03-6439-6462（営業本部）
FAX 03-6439-6489
URL http://www.kinejun.com

印刷・製本　大日本印刷株式会社

ISBN978-4-87376-337-8